星辰日月的牧歌

探索太空宇宙

《中国大百科全书》青少年拓展阅读版编委会　编

中国大百科全书出版社

图书在版编目（CIP）数据

星辰日月的牧歌·探索太空宇宙 / 《中国大百科全书》青少年拓展阅读
版编委会编 . —北京：中国大百科全书出版社，2019.9
（中国大百科全书：青少年拓展阅读版）
ISBN 978-7-5202-0603-7

Ⅰ. ①星… Ⅱ. ①中… Ⅲ. ①宇宙—青少年读物
Ⅳ. ① P159-49

中国版本图书馆 CIP 数据核字（2019）第 215493 号

出 版 人	刘国辉
策划编辑	李默耘　程　园
责任编辑	李默耘
封面设计	WONDERLAND Book design 仙德 QQ:344581904
责任印制	李　鹏
出版发行	中国大百科全书出版社
地　　址	北京阜成门北大街 17 号
邮　　编	100037
网　　址	http://www.ecph.com.cn
电　　话	010-68341984
印　　刷	蠡县天德印务有限公司
开　　本	710 毫米 ×1000 毫米　1/16
字　　数	105 千字
印　　张	8.75
版　　次	2019 年 9 月第 1 版
印　　次	2020 年 1 月第 1 次印刷
定　　价	34.00 元

序

百科全书（encyclopedia）是概要介绍人类一切门类知识或某一门类知识的工具书。现代百科全书的编纂是西方启蒙运动的先声，但百科全书的现代定义实际上源自人类文明的早期发展方式：注重知识的分类归纳和扩展积累。对知识的分类归纳关乎人类如何认识所处身的世界，所谓"辨其品类""命之以名"，正是人类对日月星辰、草木鸟兽等万事万象基于自我理解的创造性认识，人类从而建立起对应于物质世界的意识世界。而对知识的扩展积累，则体现出在社会的不断发展中人类主体对信息广博性的不竭追求，以及现代科学观念对知识更为深入的秩序性建构。这种广博系统的知识体系，是一个国家和一个时代科学文化高度发展的标志。

中国古代类书众多，但现代意义上的百科全书事业开创于1978年，中国大百科全书出版社的成立即肇基于此。百科社在党中央、国务院的高度重视和支持下，于 1993 年出版了《中国大百科全书》（第一版）（74 卷），这是中国第一套按学科分卷的大百科全书，结束了中国没有自己的百科全书的历史；2009 年又推出了《中国大百科全书》（第二版）（32 卷），这是中国第一部采用汉语拼音为序、与国际惯例接轨的现代综合性百科全书。两版百科全书用时三十年，先后共有三万多名各学科各领域最具代表性的专家学者参与其中。目前，中国大百科全书出版社继续致力于《中国大百科全书》（第三版）这一数字化时代新型百科全书的编纂工作，努力构建基于信息化技术和互联网，进行知识生产、分发和传播的国家大型公共知识服务平台。

从图书纸质媒介到公共知识平台，这一介质与观念的变化折射出知识在当代的流动性、开放性、分享性，而努力为普通人提供整全清晰的知识脉络和日常应用的资料检索之需，正愈加成为传统百科全书走出图书馆、服务不同层级阅读人群的现实要求与自我期待。

《〈中国大百科全书〉青少年拓展阅读版》正是在这样的期待中应运而生的。本套丛书依据《中国大百科全书》（第一版）及《中国大百科全书》（第二版）内容编选，在强调知识内容权威准确的同时力图实现服务的分众化，为青少年拓展阅读提供一套真正的校园版百科全书。丛书首先参照学校教育中的学科划分确定知识领域，然后在各类知识领域中梳理不同知识脉络作为分册依据，使各册的条目更紧密地结合学校课程与考纲的设置，并侧重编选对于青少年来说更为基础性和实用性的条目。同时，在条目中插入便于理解的图片资料，增加阅读的丰富性与趣味性；封面装帧也尽量避免传统百科全书"高大上"的严肃面孔，设计更为青少年所喜爱的阅读风格，为百科知识向未来新人的分享与传递创造更多的条件。

百科全书是蔚为壮观、意义深远的国家知识工程，其不仅要体现当代中国学术积累的厚度与知识创新的前沿，更要做好为未来中国培育人才、启迪智慧、普及科学、传承文化、弘扬精神的工作。《〈中国大百科全书〉青少年拓展阅读版》愿做从百科全书大海中取水育苗的"知识搬运工"，为中国少年睿智卓识的迸发尽心竭力。

本书编委会
2019 年 9 月

目　录

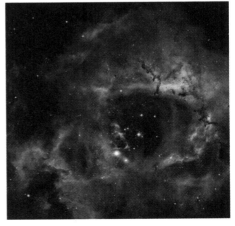

星辰日月的牧歌·探索太空宇宙

总星系

通常把我们观测所及的宇宙部分称为总星系。也有人认为，总星系是一个比星系更高一级的天体层次，它的尺度可能小于、等于或大于观测所及的宇宙部分。总星系的典型尺度约100亿光年，年龄为100亿年量级。通过星系计数和微波背景辐射测量证明总星系的物质和运动的分布在统计上是均匀和各向同性的，不存在任何特殊的位置和方向。总星系物质含量最多的是氢，其次是氦。从1914年以来，发现星系谱线有系统的红移。如果把它解释为天体退行的结果，那就表示总星系在均匀地膨胀着。总星系的结构和演化，是宇宙学研究的重要对象。有一种观点认为，总星系是 2×10^{10} 年以前在一次大爆炸中形成的。这种大爆炸宇宙学解释了不少观测事实（元素的丰度、微波背景辐射、红移等）。另一种观点则认为，现今的总星系是由更大的系统坍缩后形成的，但这种观点并不能解释微波背景辐射。

本星系群

距离银河系中心大约100万秒差距范围内由引力束缚在一起的星系的总称。1936年E.P.哈勃首先在《星云世界》一书中把银河系及其邻近的大麦哲伦云、小麦哲伦云、仙女星系、M32、NGC-205、M33、NGC-6822和IC-1613八个星系称为本星系群。按哈勃形态分类，银河系、M31和M33为旋涡星系，M32为椭圆星系，其余为矮椭圆星系、矮椭球星系和不规则星系。银河系和仙女星系是本星系群中两个最大的成员。各率一批星系形成两个次群结构。银河系次群含人马座星系、大麦哲伦云、小麦哲伦云、小熊星系、天龙星系、玉夫星系、六分仪星系、船底星系、天炉星系、狮子Ⅰ、狮子Ⅱ星系等。仙女星系次群含仙女三重星系 M31、M32、NGC-205、仙后双矮星系 NGC-147 和 NGC-185，以及矮星系仙女Ⅰ、仙女Ⅲ、仙女Ⅴ、仙女Ⅵ等。本星系群的 V 波段总光度为 $4.2 \times 10^{10} L_{\odot}$。总质量为 $2.3 \times 10^{12} M_{\odot}$。质光比为 44 倍太阳单位。这意味着本星系群中暗物质比可见物质重一个量级。本星系群的成员距离太阳较近，能被分解为恒星，易于进行细致研究，常被用于造父变星周光关系、超新星极大光度与下降速率关系、球状星团光度函数等河外距离测量方法的定标，对于测定哈勃常数等重要的宇宙学参量以及研究星系的形成和演化起着不可替代的作用。

银河系

地球和太阳所在的巨大恒星系统。拥有约 2000 亿颗恒星，因其投影在天球上的乳白亮带——银河而得名。银河系为本星系群中除仙女星系外最大的星系，它的总目视光度约为太阳的 150 亿倍。按形态分类，银河系是一个 Sb 或 Sc 型旋涡星系，中心区有一可能的棒状结构（半径约 2400 秒差距，质量约为太阳的 100 亿倍），记为 S（B）bc 型。它的第一个主要成分为一旋转的薄盘，称为银盘，直径约为 40 千秒差距，厚约 300 秒差距，质量约为太阳的 600 亿倍，由较年轻的恒星（星族Ⅰ）、银河星团、气体和尘埃组成。高光度星和银河星云组成旋涡结构（旋臂）叠加在银盘上。在盘内特别是巨分子云中不断进行着活跃的恒星形成过程。第二个主要成分是一较暗的直径约30千秒差距的球形晕称为银晕，质量约为银盘的15%～30%，由较年老的恒星（星族Ⅱ）组成，其中有百分之几处于球状星团中，还有少量热气体。银晕中央融入一显著的旋转椭球形成分（2.2千秒差距×2.9千秒差距）称为银河系核球，亦由星族Ⅱ的恒星组成。银河系的动力学中心称为银心，可能含有一个约300万倍太阳质量的黑洞。第三种主要成分是由暗物质构成的晕称为暗晕，半径超过100千秒差距。银河系可见物质的质量为太阳质量的1400亿倍，其中恒星约占90%，气体和尘埃组成的星际物质约占10%。而暗物质的质量至少为太阳质量的4000亿倍。银河系整体作较差自转。太阳在银道面以北约8秒差距处，距银心约8.5千秒差距（IAU，

1985），以每秒220千米速度绕银心运转，2.4亿年转一周。

研究简史　18世纪中叶，人们已意识到除行星、月球等太阳系天体外，满天星斗都是远方的"太阳"。T.赖特、I.康德和J.H.朗伯最先认为，很可能是全部恒星集合成了一个空间上有限的巨大系统。第一个通过观测研究恒星系统本原的是F.W.赫歇耳。他用自己磨制的反射望远镜，计数了若干天区内的恒星。1785年，他根据恒星计数的统计研究，绘制了一幅扁而平、轮廓参差不齐、太阳居其中心的银河系结构图。F.W.赫歇耳死后，其子J.F.赫歇耳继承父

银河系主体示意图

业，将恒星计数工作范围扩展到南半天。1837 年，W.斯特鲁维测定织女一的三角视差，开始测定恒星的距离，为银河系距离尺度的研究奠定了基础。1887 年，O.斯特鲁维首次测定银河系自转，开始了银河系整体运动的研究。1906 年，J.C.卡普坦为了重新研究恒星世界的结构，提出了"选择星区"计划，后人称为"卡普坦选区"。他于 1922 年得出与 F.W.赫歇耳的类似的模型，也是一个扁平系统，太阳居中，中心的恒星密集，边缘稀疏。H.沙普利在完全不同的基础上，探讨银河系的大小和形状。他利用 1908—1912 年 H.S.勒维特发现的麦哲伦云中造父变星的周光关系，测定了当时已发现有造父变星的球状星团的距离。假设没有明显星际消光的前提下，于 1918 年建立了银河系透镜形模型，太阳不在中心。1927 年，J.H.奥尔特证实银河系的自转。1930 年，R.J.特朗普勒证实存在星际物质。1944 年，W.巴德提出星族概念，探讨银河系恒星在物理学和运动学上的总体性质，这对后来银河系形成和演化的研究有重要意义。20 世纪 50 年

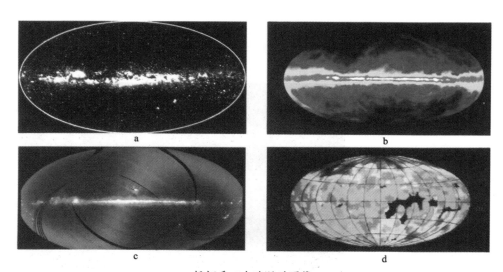

银河系四个波段的图像

a 可见光图像　　b 射电图像　　c 红外图像　　d X射线图像

代，由于射电天文观测手段的应用，证实了银河系旋臂的存在，发现了银河系中心区的复杂结构与爆发现象。60年代，首次探测到银心的红外辐射。80年代，高速晕族恒星的发现以及附近矮星系的运动提示银河系存在暗物质晕。90年代，射电天文学家和红外天文学家合作发现了银心存在大质量黑洞的证据。

组成 银河系可见物质约90%集中在恒星内。在赫罗图上，按照光谱型和光度两个参量，分为主序星、超巨星、巨星、亚巨星、亚矮星和白矮星五个分支。1944年，巴德通过仙女星系的观测，判明恒星可划分为星族Ⅰ和星族Ⅱ两种不同的星族。星族Ⅰ是年轻而富金属的天体，分布在旋臂上，与星际物质成协。星族Ⅱ是年老而贫金属的天体，没有向银道面集聚的趋向。1957年，根据金属含量、年龄、空间分布和运动特征，进而将两个星族细分为极端星族Ⅰ（旋臂星族）、较老星族Ⅰ、盘星族、中介星族Ⅱ和极端星族Ⅱ（晕星族）。

恒星成双、成群和成团是普遍现象。太阳附近25秒差距以内，以单星形式存在的恒星不到总数之半。有记载已观测到球状星团约160个，银河星团1200多个，还有为数不少的星协。据统计推论，应当有300个球状星团和18 000个银河星团。

20世纪初，E.E.巴纳德用照相观测，发现了大量的亮星云和暗星云。1904年，恒星光谱中电离钙谱线的发现，揭示出星际物质的存在。随后的分光和偏振研究，证认出星云中的气体和尘埃成分。近年来，通过红外波段的探测发现，在暗星云密集区有正在形成的恒星。射电天文学诞生后，利用中性氢21厘米谱线勾画出银河系旋涡结构。估计出中性氢的质量约为太阳的40亿倍。根据电离氢区（总质量为太阳的8400万倍）描绘，发现太阳附近有3条旋臂：人马臂、猎户臂和英仙臂。太阳位于猎户臂的内侧。此外，在银心方向还发现了一条 3 千秒差距臂。旋臂间的距离约 1.6 千秒差距。1963 年，用射电天文方法观测到星际分子 OH，这是自从 1937—1941 年间，在光学波段认证出星际分子 CH、CN 和 CH^+ 以来的重大突破。到 2000 年底，发现和认证的星际分子已超过 120 种。这些分子（主要为 H_2 和 CO）包含在散布于银盘内的数千个巨分子云中（总质量为太阳的 3 亿倍）。

起源和演化　银河系的起源这一重大课题现今还了解得很差。这不仅要研究一般星系的起源和演化，还必须研究宇宙学。按大爆炸宇宙学模型，观测到的全部星系都是 140 亿年前高温高密态原始物质因密度发生起伏，出现引力不稳定和不断膨胀冷却，逐步形成原星系，并演化为包括银河系在内的星系团的。

1962 年，O.J. 艾根、D. 林登贝尔和 A.R. 桑德奇提出，银河系起源于一个巨大的球形气体云，称原银河星云。化学成分与大爆炸后的原始宇宙相同，即氢约占 75%，氦约占 25%。在时标约 2 亿年的迅速坍缩过程中，最早诞生的是晕族恒星，因为形成恒星的气体没有金属，所以这些晕星是贫金属的。又因为气体向中心坍缩，所以承袭其速度的晕星绕中心作偏心率较大的椭圆运动，而来不及形成恒星的大部分原始气体在坍缩过程中互相碰撞，轨道变圆并沉降到银盘上，由于混入了大质量晕星演化后抛出的重元素，使得随后形成盘族的恒星金属丰度较高。近年还从恒星的形成和反馈、银核的活动及周围矮星系物质的吸积等角度，更细致地探讨银河系的动力学和化学演化。20 世纪 60 年代由林家翘和徐霞生等发展起来的密度波理论，很好地说明了银河系旋涡结构的整体结构及其长期的维持机制。

星　团

由各成员星之间的引力束缚在一起的恒星群体。许多较亮的星团用肉眼或小望远镜看起来是一个模糊的亮点。1784 年法国天文学家 C. 梅西耶在研究彗星时，把 103 个位置固定的模糊天体编成星表，以免与彗星混淆。1888 年丹麦天文学家 J. 德雷耶尔编了包括有 7840 个有星云、星团等延伸天体的星表《星云星团新总表》（简称"NGC 星表"），后来又发表了包括 5386 个天体的 NGC 星表的补编（简称"IC 星表"）。这几个星表中都载有大量的星团。因此，一般就用这些星表的编号作为星团的名称。如《梅西耶星表》67 号天体（M67）即 NGC2682，是一个银河星团；M22 即 NGC6656，是一个球状星团。一些亮星团还有自己的专门名称，如

昂星团、毕星团等。星团可分为球状星团和疏散星团两种。

球状星团　球状星团由于它们的形状是球对称的或接近于球对称的而得名，直径数十至三百光年，含有数万至数百万颗恒星。恒星平均密度要比太阳附近的恒星大 50 倍左右，而中心则要大约 1000 倍。球状星团内恒星如此密集，又离我们十分遥远，通常只有边缘的一部分星在长时间曝光的照相底片或 CCD 照片上得以分辨，而要把球状星团中大部分成员星分解成单颗的恒星，必须使用具有高分辨率的哈勃空间望远镜或配自适应光学系统的地面大望远镜。银河系内已发现约 150 个球状星团，它们大部分分布在银晕中，年龄很老，金属含量

球状星团

很低，各自沿高偏心椭圆轨道绕银心运动。离银盘较近的球状星团年龄较轻，金属含量较高。还可能有许多球状星团隐藏在银盘中，只是由于那里有大量吸光物质而未被发现。

估计银河系约有 500 个球状星团，分布在一个中心与银心重合巨大的球形空间内，其数密度随银心距的增加以负 3.5 次方的幂率下降。在球状星团中有许多变星，其中大部分是天琴座 RR 型变星，其余大部分是星族 II 造父变星，这两类天体都可用来测定距离。

1975 年底以来，在一些球状星团中发现有 X 射线源、毫秒脉冲星等，这提示球状星团中可能存在密近双星、中子星或黑洞。很多大星系周围都发现了球状星团，如已知仙女星系的球状星团就在 350 个以上。巨椭圆星系的球状星团更为丰富，如 M87 甚至包含数千个。某些相互作用星系，特别是新近并合的星系往往有较年轻的富金属球状星团。

疏散星团　疏散星团形态不规则，在大至 50 光年的范围年含有数十至数千颗恒星。成员星彼此的角距离较大，一般都能用望远镜分解开，因而得名。疏散星团有半数位于银道面附近宽度为 7° 的狭带上，因此又名银河星团。银河系中已发现的疏散星团约 1200 个，著名的如昴星团、毕星团和 M67。疏散星团成员星的自行大致相同。如果星团离地球较远，看到的这些星的运动轨迹是大致平行的。但对于较近的疏散星团，由于投影的原因，它们的成员星的运动轨迹看起来并不平行，而是从一点辐射出来，或是会聚于一点，这两种点分别称为辐射点或会聚点。这种离地球比较近的、能得出辐射点或会聚点的疏散星团又称为移动星团，其距离可通过成员星自行的测量得到。

球状星团是很老的天体，一般年龄约为一百亿年，可用来作为宇宙年龄的下限。但疏散星团的年龄却差别很大，一些年轻星团的年龄只有几百万年，而 M67 的年龄为几十亿年，故可用来描绘银河系自盘形成以后的历史和演化。

大爆炸宇宙学

现代宇宙学中最有影响的一种学说。与其他宇宙模型相比，它能说明较多的观测事实。它的主要观点是认为宇宙曾有一段从热到冷的演化史。在这个时期里，宇宙体系并不是静止的，而是在不断地膨胀，使物质密度从密到稀地演化。这一从热到冷、从密到稀的过程如同一次规模巨大的爆发。

根据大爆炸宇宙学的观点，大爆炸的整个过程是：在宇宙的早期，温度极高，在 100 亿度以上。物质密度也相当大，整个宇宙体系达到平衡。宇宙间只有中子、质子、电子、光子和中微子等一些基本粒子形态的物质。但是因为整个体系在不断膨胀，结果温度很快下降。当温度降到 10 亿度左右时，中子开始失去自由存在的条件，它要么发生衰变，要么与质子结合成重氢、氦等元素；化学元素就是从这一时期开始形成的。温度进一步下降到 100 万度后，早期形成化学元素的过程结束。宇宙间的物质主要是质子、电子、光子和一些比较轻的原子核。当温度降到几千度时，辐射减退，宇宙间主要是气态物质，气体逐渐凝聚成气云，再进一步形成各种各样的恒星体系，成为今天看到的宇宙。

大爆炸模型能统一地说明以下观测事实：①大爆炸理论主张所有恒星都是在温度下降后产生的，因而任何天体的年龄都应比自温度下降至今天这一段时间为短，即应小于 150 亿年。各种天体年龄的测量证明了这一点。②观测到河外天体有系统性的谱线红移，而且红移与距离大体成正比。如果用多普勒效应来解释，那么红移就是宇宙膨胀的反映。③在各种不同天体上，氦丰度相当大，而且大都是30%。用恒星核反应机制不足以说明为什么有如此多的氦。而根据大爆炸理论，早期温度很高，产生氦的效率也很高，则可以说明这一事实。④根据宇宙膨胀速度以及氦丰度等，可以具体计算宇宙每一历史时期的温度。大爆炸理论的创始人之一 G. 伽莫夫曾预言，今天的宇宙已经很冷，只有绝对温度几度。

恒 星

由自身引力维持，靠内部的核聚变而发光的炽热气体组成的球状或类球状天体。太阳就是一颗典型的恒星，离地球最近。其次是半人马座比邻星，它与地球的距离为4.22光年。银河系拥有几千亿颗恒星，但在晴朗无月的夜晚，在远离城市的地球表面用肉眼大约可以看到3000多颗恒星。借助于望远镜，可看到几十万乃至几百万颗以上的恒星。恒星并非不动，因为离地球实在太远，不借助特殊工具和特殊方法，很难发现它们在天球上的位置变化，因此古代人把它们称作恒星。

基本物理参量　描述恒星物理特性的基本参量有距离、亮度（视星等）、光度（绝对星等）、质量、直径、温度、压力和磁场等。测定恒星距离最基本的方法是三角视差法，先测得地球轨道半长径在恒星处的张角（叫作周年视差），再经过简单的运算，即可求出恒星的距离。这是测定距离最直接的方法。但对大多数恒星说来，这个张角太小，无法测准。所以测定恒星距离常使用一些间接的方法，如分光视差法、星团视差法、统计视差法以及由造父变星的周光关系确定视差等。这些间接的方法都是以三角视差法为基础的。

星等　恒星的亮度常用星等来表示。恒星越亮，星等数值越小。地球上测出的星等称视星等；归算到离地球 10 秒差距处的星等称绝对星等。使用对不同波段敏感

火焰星云中的亮星参宿一

的检测组件所测得的同一恒星的星等，一般是不相等的。最通用的星等系统之一是 U（紫外）、B（蓝）、V（黄）三色系统；B 和 V 分别接近照相星等和目视星等。二者之差就是常用的色指数。太阳的 V = -26.74，绝对目视星等 M_v = +4.83，色指数 B–V = 0.63，U–B = 0.12。由色指数可确定色温度。恒星表面的温度一般用有效温度来表示，它等于有相同直径、相同总辐射的绝对黑体的温度。

恒星光谱　有关恒星的知识主要来自能揭示其物质成分、表面温度和运动状态的光谱研究。恒星的光谱能量分布与有效温度有关，由此可定出 O、B、A、F、G、K、M 等光谱型（也可称作温度型）。温度相同的恒星，体积越大，总辐射流量（即光度）越大，绝对星等越小。恒星的光度级可分为 Ⅰ、Ⅱ、Ⅲ、Ⅳ、Ⅴ、Ⅵ、Ⅶ，依次称为超巨星、亮巨星、巨星、亚巨星、主序星（或矮星）、亚矮星、白矮星。太阳的光谱型为 G2V，颜色偏黄，

有效温度约 5770K。A0V 型星的色指数平均为零，温度约 10 000K。恒星大气的有效温度由早 O 型的几万度到晚 M 型的几千度，差别很大。

直径 恒星的真直径可根据恒星的视直径（角直径）和距离计算出来。常用的干涉仪或月掩星方法可测出小到 $0''.001$ 的恒星的角直径，更小的恒星不容易测准，加上测量距离的误差，所以恒星的真直径可靠的不多。根据食双星兼分光双星的轨道资料，也可得出某些恒星直径。有些恒星也可根据绝对星等和有效温度来推算其真直径。用各种方法求出的不同恒星的直径，有的小到几千米，有的大到 10^9 千米以上。

质量 多数恒星存在于双星系统中。天文学家根据某些特殊的双星系统能测出恒星的质量；经过多年的观测，又确定了质光关系。一般恒星质量能根据质光关系进行估算。总的说来，各种不同类型恒星模型代表的质量，与能够通过现实恒星精确测量的对应质量是符合的，这可确信建立的模型的正确性。已测出的恒星质量大多介于太阳质量的百分之几到 120 倍之间，但大多数恒星的质量在 $0.1 \sim 10$ 个太阳质量之间。恒星的密度可根据直径和质量求出，密度的量级大约介于 10^{-9} 克/厘米^3（红超巨星）到 $10^{13} \sim 10^{16}$ 克/厘米^3（中子星）之间。

压力 恒星表面的大气压和电子压可通过光谱分析来确定。中性元素与电离元素谱线的强度比，不仅同温度和元素的丰度有关，也同电子压力密切相关。电子压与气体压之间存在着固定的关系，二者都取决于恒星表面的重力加速度，因而同恒星的光度也有密切的关系。

磁场 根据恒星光谱中谱线的塞曼分裂或一定波段内连续谱的圆偏振情况，可测定恒星的磁场。太阳表面的普遍磁场很弱，仅约 $1 \sim 2$ 高斯，有些恒星的磁场则很强，能达数万高斯。白矮星和中子星具有更强的磁场。

化学组成　与在地面实验室进行光谱分析一样，对恒星的光谱也可进行分析，借以确定恒星大气中形成各种谱线的元素的含量。多年来的实测结果表明，正常恒星大气的化学组成与太阳大气差不多。按质量计算，氢最多，氦次之，其余按含量依次大致是氧、碳、氮、氖、硅、镁、铁、硫等。但也有一部分恒星大气的化学组成与太阳大气不同，如沃尔夫－拉叶星，就有含碳丰富和含氮丰富之分（即有碳序和氮序之分）。金属线星和A型特殊星中，若干金属元素和超铀元素的谱线显得特别强。理论分析表明，演化过程中恒星内部的化学组成会随着热核反应过程的改变而逐渐改变，重元素的含量会越来越多。

物理特性的变化　观测发现，有些恒星的光度、光谱和磁场等物理特性都随时间发生周期的、半规则的或无规则的变化。这种恒星叫作变星。变星分为两大类：一类是由于几个天体间的几何位置发生变化而造成的几何变星；另一类是由于恒星自身内部的物理过程而造成的物理变星。几何变星中，最为熟悉的是两个恒星互相绕转，因而发生变光现象的食变星（即食双星）。它们分为大陵五型、天琴座β（渐台二）型和大熊座W型三种。几何变星中还包括椭球变星（因自身为椭球形，亮度的变化是由于自转时观测者所见发光面积的变化而造成的）。物理变星，按变光的物理机制，主要分为脉动变星和爆发变星两类。脉动变星的变光原因是恒星在经过漫长的主星序阶段以后，自身的大气层发生周期性的或非周期性的膨胀和收缩，引起光度的脉动性变化。理论计算表明，脉动周期与恒星密度的平方根成反比，因此那些重复周期为几百乃至几千天的晚型不规则变星、半规则变星和长周期变星都是体积巨大而密度很小的晚型巨星或超巨星。周期约在1～50天之间的经典造父变星和周期约在0.05～1.5天之间的天琴座RR型变星（又称星团变星）是两种最重要的脉动变星。观测表明，造父变星的绝对星等随周期增长而变小（这是与密度和周期的关系相适应的），因而可通过精确测定它们的变光周期来推求它们自身以及它们所在的恒星集团的距离，所以造父变星又有宇宙中的"灯塔"或"量天尺"之称。天琴座 RR 型变星也有量天尺的作用。

还有一些周期短于 0.3 天的脉动变星（包括盾牌座 δ 型变星、船帆座 AI 型变星和仙王座 β 型变星等），它们的大气分成若干层，各层都以不同的周期和形式进行脉动，因而其光度变化规律是几种周期变化的叠合，光变曲线的形状变化很大，光变同视向速度曲线的关系也有差异。盾牌座 δ 型变星和船帆座 AI 型变星可能是质量较小、密度较大的恒星，仙王座 β 型变星属于高温巨星或亚巨星一类。

爆发变星按爆发规模可分为超新星、新星、矮新星、类新星和耀星等几类。超新星的亮度会在很短期间内增大数亿倍，然后在数月

到 1～2 年内变得非常暗弱。这是恒星演化到晚期的现象。超新星的外部壳层形成一个逐渐扩大而稀薄的星云（超新星遗迹）；内部则因极度压缩而形成密度非常大的中子星。最著名的银河超新星是 1054 年在金牛座发现的"天关客星"。现在可在该处看到著名的蟹状星云，其中心有一颗周期约 33 毫秒的脉冲星。

新星在可见光波段的光度在几天内会突然增强大约 9 个星等或更多，然后在若干年内逐渐恢复原状。1975 年 8 月在天鹅座发现的新星是迄今已知的光变幅度最大的一颗。光谱观测表明，新星的气壳以每秒 500～2000 千米的速度向外膨胀。一般认为，新星爆发只是壳层的爆发，质量损失仅占总质量的千分之一左右，因此不足以使恒星发生质变。有些爆发变星会再次作相当规模的爆发，称为再发新星。

矮新星和类新星变星的光度变化情况与新星类似，但变幅仅为 2～6 个星等，发亮周期也短得多，

大多是双星中的子星之一。因而有人认为，这一类变星的爆发是由双星中某种物质的吸积过程引起的。

耀星是一些光度在数秒到数分钟间突然增亮而又很快恢复原状的一些很不规则的快变星。它们被认为是一些低温的主序前星。

随着观测技术的发展和观测波段的扩大，还发现了射电波段有变化的射电变星和 X 射线辐射流量变化的 X 射线变星等。

结构和演化　根据实际观测和光谱分析，恒星大气的基本结构可分为日冕、色球层，再向内为光球层。光球大气吸收更内层高温气体的连续辐射而形成吸收线。历史上曾把高层光球大气叫作反变层，而把发射连续谱的高温层叫作光球。光球这一层相当厚，其中各个分层均有发射和吸收。光球与反变层不能截然分开。太阳型恒星的光球内，有一个平均约 1/10 半径或更厚的对流层。在上主星序恒星和下主星序恒星的内部，对流层的位置很不相同。能量传输在光球层内以辐射为主，在对流层内则以对流为主。

对于光球和对流层，常利用根据实测的物理特性和化学组成建立模型进行研究。可从流体静力学平衡和热力学平衡的基本假设出发，建立起若干关系式，用以求解星体不同区域的压力、温度、密度、不透明度、产能率和化学组成等。恒星的中心温度可高达数百万度乃至数亿度，在那里进行着不同的产能反应。一般认为恒星是由星云凝缩而成，主星序以前的恒星因温度不够高，不能发生热核反应，只能靠引力收缩来产能。进入主星序之后，中心温度高达 700 万度以上，开始发生氢聚变成氦的热核反应。这个过程很长，是恒星生命中最长的阶段。氢燃烧完毕后，恒星内部收缩，外部膨胀，演变成表面温度低而体积庞大的红巨星。那些内部温度上升到近亿度的恒星，开始发生其他核反应。这些演化过程中恒星的温度和光度按一定规律变化，从而在赫罗图上形成一定的径迹。最后，一部分恒星发生超新星爆炸，气壳飞走，核心压缩成中子星一类的致密星而趋于"死亡"。

星际物质

银河系（和其他星系）内恒星之间的物质，包括星际气体、星际尘埃和各种各样的星际云，还可包括星际磁场和宇宙线。

星际物质（ISM）约占银河系可见物质质量的10%，高度集中在银道面，尤其在旋臂中。不同区域的星际物质密度可相差很大。星际气体和尘埃当聚集成质点数密度超过 $10 \sim 10^3$ 个/厘米^3 时，就成为星际云，云间密度则低到0.1个/厘米^3 质点。平均密度为 10^{-24} 克/厘米^3，相当于平均数密度为1个/厘米^3 氢原子。星际物质的温度相差也很大，从几 K 到千万 K。不同温度和密度的星际物质大体可用三相模型来描述。其中，冷中性介质为密度30个/厘米^3 原子，温度70K的中性氢气体，占总体积的3%～4%；温中性介质为密度0.3个/厘米^3 原子，温度6000K的中性氢气体，占总体积的20%；热电离介质为密度0.001个/厘米^3 原子，温度一百万 K 的电离氢气体，占总体积的70%。这三种成分近似处于压强平衡，相互间可来回转换。

星际气体的化学组成可通过各种电磁波谱线的测量求出。结果表明，星际气体的元素的丰度与根据太阳、恒星、陨石得出的宇宙丰度相似，即氢约60%，氦约30%，其他元素很低。

星际尘埃是尺度约0.01微米到0.1微米的固态质点，分散在星际气体中，总质量约占星际物质总质量的1%。星际尘埃可能是由下列物质组成的：①水、氨、甲烷等的冰状物；②二氧化硅、硅酸镁、三氧化二铁等矿物；③石墨晶粒；

④上述 3 种物质的混合物。

星际尘埃吸收和散射星光，使星光减弱，这种现象叫作星际消光。消光数值依赖于观测方向，朝银极方向较小，银心方向最大。星际消光随波长的减小而增长，蓝光比红光减弱得更多，使星光的颜色随之变红，这种现象叫作星际红化。射电和红外波段的星际消光同光学波段相比可忽略，因而是观测银心的最佳波段。星际尘埃还可引起星光的偏振，由这种星际偏振可测量星际磁场，其能量密度约为 2×10^5 电子伏 / 米^3。

星际尘埃对于星际分子的形成和存在具有重要的作用。一方面尘埃能阻挡星光紫外辐射不使星际分子离解，另一方面固体尘埃作为催化剂能加速星际分子的形成。

星际物质的观测可在不同的电磁波段进行，如 1904 年在分光双星猎户座 δ 的可见光谱中发现了位移不按双星轨道运动而变化的钙离子吸收线，首次证实星际离子的存在。1930 年观测到远方星光颜色变红，色指数变大（即星际红化），首次证实星际尘埃的存在。1951 年通过观测银河系内中性氢 21 厘米谱线，证实星际氢原子的大量存在。1975 年利用人造卫星紫外光谱仪观测 100 多颗恒星的星际消光

麒麟座玫瑰星云（选自美国基特峰天文台 KPNO）

与波长的关系，得知 220 纳米附近的吸收峰。1977 年，观测星际 X 射线波段，发现 O Ⅶ 2.16 纳米（0.57 千电子伏）的谱线，确认存在着温度达 $10^5 \sim 10^7$K 的高温气体。

根据现代恒星演化理论，一般认为恒星早期是由星际物质聚集而成，而恒星又以各种爆发、抛射和流失的方式把物质送回星际空间。

北极星

即小熊座 α。中国星名是勾陈一或北辰。北极星距离地球 431 光年，自行为每年 0″.046。它是如今一段时期内距北天极最近的亮星，距极点不足 1°（1992 年，坐 标 为 α =02^{h}23^{m}3，δ =89° 14′）。因此，对于地球上的观测者来说，它好像

不参与周日运动，总是位于北天极处，因而被称为北极星。正是这个特点使它成为全天重要的恒星之一。

北极星是由三颗星组成的三合星。主星 A 为离地球最近的造父变星，光电目视星等 V 的变幅为 0.09 个星等（+1.95 ～ +2.04），周期为 3.97 日，是光谱分类为 F8Ib 的黄超巨星。主星 A 又是轨道周期约 30 年的单谱分光双星。伴星 B 目视星等 +8.6，距离主星 18″。

由于岁差，天极以约 26 000 年的周期围绕黄极运动。在这期间，一些离北天极较近的亮星顺次被授

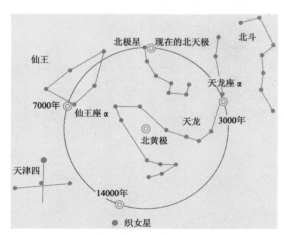

26 000 年内天球北极在恒星间的移动

以北极星的称号。公元前 2750 年前后，天龙座 α（中名右枢）曾是北极星。小熊座 α 成为北极星只是近 1000 年来的事。1000 年时，它距北天极达 6°。1940 年以来，小熊座 α 距北天极已不足 1°，而且正以每年约 15″ 的速度向北天极靠拢。大约在 2100 年前后，二者的角距离将缩到最小，只有 28′ 左右。此后，小熊座 α 将逐渐远离北天极。4000 年时，仙王座 γ 将成为北极星，7000 年、10 000 年、14 000 年时的北极星将依次为仙王座 α（中名天钩五）、天鹅座 α（中名天津四）、天琴座 α（中名织女星）。

北　斗

　　大熊座中排列成斗形的 7 颗亮星。这 7 颗星是大熊座 α、β、

北斗七星

γ、δ、ε、ζ 和 η。中国名称分别称天枢（北斗一）、天璇（北斗二）、天玑（北斗三）、天权（北斗四）、玉衡（北斗五）、开阳（北斗六）和摇光（北斗七）。前 4 颗星，即天枢、天璇、天玑和天权组成斗形，故名斗魁，或称魁星，又名璇玑。后 3 颗星，即玉衡、开阳、摇光三星组成斗柄（即斗杓）或称玉衡。除天权是三等星以外，其余 6 颗星都是二等星。北斗七星离北天极不远，它们常被用来作为指示方向和认识北天其他星座的标志。天枢和天璇两星相距约 5°。如果把连接这两颗星的线段沿天璇至天枢方向延长约 5 倍，可找到一颗视亮度与它们不相上下的恒星，那

就是小熊座 α 星，即北极星。所以天枢和天璇又称指极星。由于恒星自行的缘故，北斗七星的形状随时间发生缓慢的变化。北斗二至北斗六都是早 A 型主序星。北斗一是光谱分类为 K0 Ⅲ 的红巨星。北斗七为 B3V。此外，北斗一又是轨道周期约为 44 年、偏心率约 0.4 的目视双星；北斗五是已知最亮的 A 型特殊星，亮度、光谱和磁场强度都有周期性变化。北斗六是著名的目视双星，两子星相距约 14.42 角秒。该两星的亮度分别为 2.27 等和 3.95 等，它们又各是分光双星，所以北斗六实际包含 4 颗星。离北斗六 12′ 处有一个四等星（大熊 80，中国古名称为"辅"）。北斗七星离地球远近不等，大致在 60～200 多光年之间。北斗七星天区有 M51，M97，M101，M106 和 M108 梅西叶天体。

星 云

太阳系以外天空中一切非恒星云雾状的天体。一些较近的星系，外观像星云，18 世纪以来也称为星云。1924 年底解决了宇宙岛之争以后，才把二者分开。位于银河系内的称为银河星云，银河系以外的星云称为河外星系或星系。按形状、大小和物理性质，银河星云可分为：广袤稀薄而无定形的弥漫星云，亮环中央具有高温核心星的行星状星云，以及尚在不断地向四周扩散的超新星剩余物质云。就发旋光性质，银河星云又可分为：被中心或附近的高温照明星（早于 B1 型的）激发发光的发射星云，因反射和散射低温照明星（晚于 B1 型）的辐射而发光的反射星云，以及部分地或全部地挡住背景恒星的暗星云。前两种统称为亮星云。反射星云同暗星云的区别，仅仅是在于照明星、星云和观测者三者相对位置的不同。

光度和光谱　用肉眼只能看到一个猎户座大星云，说明一般星云都是十分暗弱的。在《梅西耶星表》（M星表）的103个有一定视面积的天体中，只有11个是真正的星云。就是在1888—1910年陆续刊布的《星团星云新总表》（NGC星表）及其补编（IC）中的13 226个有一定视面积的天体中，也只有一小部分是真正的星云。只是在大口径望远镜，尤其是大视场强光力的施密特望远镜出现后，才开始对星云进行有效的观测研究。气体星云光谱中除氢、氮等复合线外，还有很强的氧、氮等的禁线，如 ［O Ⅲ］ λ λ 4959、5007，［N Ⅱ］ λ λ 6548、6583 和 ［O Ⅱ］ λ λ 3726、3729 等，几乎在所有气体星云的光谱中都可看到。气体星

鹰状星云

云的光谱中同时存在一个较弱的连续背景，它一部分来自星云内尘埃物质对星光的散射，其强度随星云中尘埃含量而增减；另一部分来自电子的自由－自由跃迁和自由－束缚跃迁。此外，若干星云中还出现被照明星辐射加热到100℃左右的尘埃粒子所发射的红外连续光谱。

气体星云中的电离球 热星对气体星云的激发电离有一个范围。1939年瑞典天文学家B.G.D.斯特龙根确定了电离氢云的半径 S_0 同恒星温度 T 和星云中粒子数密度 N 之间的关系：

$$\lg S_0 = -0.44 + \frac{1}{3}\left[\left(\frac{T_0}{T}\right)^{\frac{1}{2}}\right] - 4.51\theta + \frac{1}{2}\lg T + \frac{2}{3}\lg R - \frac{2}{3}\lg N$$

式中 T_0 为离照明星 S_0 处的电子温度，$\theta = 5040/T$，R 为恒星半径。通常把这个半径 S_0 叫作斯特龙根半径。从这个电离云到周围中性氢云的过渡是急促的，过渡区的厚度只有千分之一秒差距，所以电离氢云都有一个很清晰的边界。由于星云中气体和尘埃分布不均匀，加上位于星云前面的吸收物质分布不规则，实际观测到的电离氢云的边界往往是参差不齐的。

星云的演变 一般认为行星状星云是由激

柱状星云

发它的中心星抛射出来的，将会逐渐消失；新星和超新星爆发所抛出的云也在很快地膨胀而逐渐消失。它们都是恒星演化过程中的产物，也是恒星逐渐变为星际物质的过程。在照明星晚于 B1 型的一些弥漫星云中，一个暗星云可能是和运动着的恒星偶然相遇而被照亮，恒星离开之后重又变暗。已观测到这些星云与它们的照明星的视向速度是不相同的，因而二者之间没有演化上的联系。还有一些发射星云内部包含若干早于 B1 型的热星，它们常常组合成聚星、银河星团或星协（如 O 星协）。这些星云和年轻恒星一起分布在银河系旋臂中。因此，一般认为这些星云中的热星群可能是不久前才从这些星云中诞生的。

成分　银河星云中的物质都是由气体和尘埃微粒组成的。不同星云中的气体和尘埃的含量略有不同。发射星云中的尘埃少些，一般小于 1%；暗星云中则多一些。星云中物质密度常常十分稀薄，一般为每立方厘米几十到几千个原子（或离子）。星云的体积一般比太阳系大许多倍，虽然密度很小，总质量却常常很大。星云物质的主要成分是氢，其次是氦，此外还含有一定比例的碳、氧、氟等非金属元素和镁、钾、钠、钙、铁等金属元素。近年来还发现有 OH、CO 和 CH_4 等有机分子。星云中各种元素的含量与宇宙丰度是一致的。在其他星系中也有很多气体星云。

环状星云

天 体

宇宙中各种实体的统称。如在太阳系中的太阳、行星、小行星、卫星、彗星、流星体，银河系中的恒星、星团、星云，以及河外星系、星系团、超星系团等。但通常不把行星际、星际和星系际的弥漫物质以及各种微粒辐射流等称为天体。通过射电探测手段和空间探测手段所发现的红外源、紫外源、射电源、射线源和 γ 射线源也都是天体。人类发射并在太空中运行的人造卫星、宇宙火箭、空间实验室、月球探测器、行星探测器、行星际探测器等则被称为人造天体。

天体的位置 天体在某一天球坐标系中的坐标，通常指它在赤道坐标系中的坐标（赤经和赤纬）。赤道坐标系的基本平面（赤道面）和主点（春分点）因岁差和章动而随时间改变，天体的赤经和赤纬也随之改变。此外，地球上的观测者观测到的天体的坐标也因天体的自行和观测者所在的地球相对于天体的空间运动和位置的不同而不同。天体的位置有如下几种定义：①平位置。只考虑岁差运动的赤道面和春分点称为平赤道和平春分点，由它们定义的坐标系称为平赤道坐标系，参考这一坐标系计量的赤经和赤纬称为平位置。②真位置。进一步考虑相对于平赤道和平春分点作章动的赤道面和春分点称为真赤道和真春分点，由它们定义的坐标系称为真赤道坐标系，参考这一坐标系计量的赤经和赤纬称为真位置。平位置和真位置均随时间而变化，与地球的空间运动速度和方向以及与天体的相对位置无关。③视位置。考虑到观测瞬时地球相对于天体的上述空间因素，对天体的真位置改正光行差和视差影响所得的位置称为视位置。视位置相当于观测者在假想无大气的地球上直接测量得到的观测瞬时的赤道坐标。

星表中列出的天体位置通常是相对于某一个选定瞬时（称为星表历元）的平位置。要得到观测瞬时的视位置需要加上：①由星表历元到观测瞬时的岁差和自行改正。②观测瞬时的章动改正。③观测瞬时的光行差和视差改正。

天体的距离　地球上的观测者至天体的空间距离。不同类型的天体距离远近相差悬殊，测量的方法也各不相同。①太阳系内的天体是最近的一类天体，可用三角测量法测定月球和行星的周日地平视差，并根据天体力学理论进而求得太阳视差。也可用向月球或大行星发射无线电脉冲或向月球发射激光，然后接收从它们表面反射的回波，记录电波往返时刻而直接推算天体距离。②对于太阳系外的较近天体，三角视差法只对离太阳100秒差距范围以内的恒星适用。更远的恒星三角视差太小，无法测定，要用其他方法间接测定其距离。主要有：分析恒星光谱的某些谱线以估计恒星的绝对星等，然后通过恒星的绝对星等与视星等的比较求其距离；分析恒星光谱中星际吸收线强弱来估算恒星的距离；利用目视双星的绕转周期和轨道张角的观测值来推算其距离；通过测定移动星团的辐射点位置以及成员星的自行和视向速度来推算该星团的距离；对于具有某种共同特征的一群恒星，根据其自行平均值估计这群星的平均距离；利用银河系较差自转与恒星视向速度有关的原理，从视向速度测定值求星群平均距离。③对于太阳系外的远天体测量距离的方法主要有：利用天琴座 RR 型变星观测到的视星等值；利用造父变星的周光关系；利用球状星团或星系的角直径测定值；利用待测星团的主序星与已知恒星的主序星的比较；利用观测到的新星或超新星的最大视星等；利用观测到的河外星系里亮星的平均视星等；利用观测到的球状星团的累积视星等；利用星系的谱线红移量和哈勃定律等。

天体的形状和自转　天体不是质点，具有一定的大小和形状。天体内部质点之间的相互吸引和自转离心力使得天体的形状和内部物质密度分布产生变化，同时也对天体的自转运动产生影响。天体的形状和自转理论主要是研究在万有引力作用下天体的形状和自转运动的规律。

天体的形状理论中，通常把天体看作不可压缩的流体，讨论天体在均匀或不均匀密度分布情况下自转时的平衡形态及其稳定性问题。研究得最深入的是地球的形状理论，建立了平衡形状的旋转椭球体、三轴椭球体等地球模型。利用专用于地球测量的人造卫星所得的资料，与地面大地测量的结果相配合，以建立更精确的地球模型。天体的自转理论主要是讨论天体的自转轴在空间和本体内部的移动以及自转速率的变化，其中地球的自转理论现讨论得十分详细。地球的自转轴在本体内部的运动形成地极移动；同时地球自转轴在空间的取向也是变化的岁差和章动。地球自转的速率也在变化，它既有长期变慢、使恒星日的长度每 100 年约增加 1/1000 秒，又有一些短周期变化和不规则变化。

太阳系

太阳的引力作用下，环绕太阳运行的天体构成的集合体及其所占有的空间区域。计有行星及其卫星、矮行星、太阳系小天体、小行星、陨星和流星体、彗星、柯伊伯带天体（Kuiper belt object）、太阳风和行星际物质，可能还包括笼罩于最外围的奥尔特云。

概念建立　从古代到中世纪，东西方认为地球不动地居于宇宙中心的观念始终占据认识宇宙的统治地位。公元 2—3 世纪，中国先哲先后提出盖天说、浑天说和宣夜说，全都认为地球是宇宙中心。140 年前后，天文学家托勒玫在他的《天文学大成》一书中总结和发展了前人的认识，建立地心宇宙体系，主张地球居宇宙中心静止不动，日、月、行星和恒星均绕地球运行。1543年，波兰天文学家N.哥白尼根据前人对太阳、月球和行星的观测资料以及他本人30多年的观天实践，于1543年在他的《天体运行论》中提出"日心地动说"，首次科学地建立日心宇宙体系。16世纪下半叶，丹麦天文学家B.第谷建立一种介于地心说和日心说之间的宇宙体系，认为地球静居中心，行星绕日运动，而太阳则率行星绕地球运行。17世纪初，意大利天文学家用望远镜发现并观察到木星的卫星及其绕木星运转，还观测到金星的盈亏现象，从而证实哥白尼日心说的正确性。德国天文学家J.开普勒于1609年发表的《新天文学》和1619年出版的《宇宙和谐论》，先后提出行星运动三定律。17世纪80年代，英国科学家I.牛顿发现万有引力定律，从理论

太阳系全景示意（体积大小和距离远近不按实际比例）

上阐明行星绕日运动规律，从而建立了科学的太阳系概念。1705年，英国天文学家运用牛顿力学成功地预言1682年的大彗星将在1759年再现。1781年，德裔英国天文学家F.W.赫歇耳发现天王星，扩大了太阳系领域。1801年，通过望远镜巡天搜索，发现位于火星轨道之外的一个小行星。随后判明，在火星和木星轨道之间有一个小行星带。1846年，法国天文学家U.-J.-J.勒威耶和英国天文学家J.C.亚当斯运用天体力学方法推算出天王星之外的海王星的存在，并由德国天文学家J.G.伽勒用望远镜观测证实，进一步扩展太阳系疆界。1930年，美国天文学家C.W.汤博发现冥王星，将太阳系行星总数增加到九个。直到2006年，根据国际天文学联合会通过的新《行星定义》，又将冥王星重新分类为矮行星。20世纪90年代，在海王星轨道之外发现了众多小天体，到21世纪初，已观测到的这些小天体总数超过1000个，从而证实50年代预期的这些星之外的柯伊伯带的存在。几千年来，从"天圆地方""地球中心说"到今日的"太阳系天文观"正是人类认识宇宙的进步的写照，天文学历史进展的缩影。

结构 太阳在太阳系中占据中心和主导地位。太阳的质量占太阳系总质量的99.86%，其余天体共占0.14%。木星占了0.08%，其他行星的质量总和约占0.06%，而天然卫星、小行星、彗星、柯伊伯带天体等小天体和行星际物质的质量仅占太阳系总质量的微量份额。太阳的引力控制着整个太阳系，引力作用范围的半径可达1.5光年，再往外即为星际空间。太阳系的主要成员，除太阳外就是行星，因此太阳系是一个"行星系"。太阳系中，除太阳是以核聚变产能的恒星外，其他成员都是没有核能产生热辐射的"死"天体。

行星按质量和表面物态，分类地行星和类木行星两类。前者质量小，岩石表面，卫星少（水星和金星没有卫星，地球有1个，火星有

2 个），典型代表是地球；后者质量大，气态表面，卫星多（到 2005 年初已发现的卫星数为木星 63 个、土星 35 个、天王星 27 个、海王星 11 个），有环系，典型代表是木星。类地行星和类木行星的轨道之间为引力不稳定带，只能存在质量很小，但为数众多，可能成员以百万计的小行星带。类木行星轨道之外，有一可能是短周期彗星起源地的柯伊伯带。

太阳系通常以小行星带为界，分为内和外两部分。小行星带以内称为内太阳系，小行星带以外叫作外太阳系。内太阳系有水星、金星、地球和火星共四个类地行星及其卫星；外太阳系计有木星、土星、天王星和海王星共四个类木行星及其卫星系，还有一个固态表面的小质量冥王星。

行星沿与太阳自转轴垂直的平面，即黄道面附近，绕太阳运转，特征是共面性。除行星、小行星带和柯伊伯带外，无数的流星体也集中分布在黄道带附近。行星公转轨道的偏心率很小，近圆性也是结构特征之一。行星与太阳的距离大小也具有特征，其规律可用提丢斯 - 波得定则表示。

运动　太阳系的行星都有自转。大多数行星的自转方向和太阳的自转一致，即自西向东沿逆时针方向。行星都在接近同一平面的近圆轨道上，自西向东沿逆时针方向绕日公转。行星的大多数卫星也都自西向东，沿逆时针方向绕行星运转。小行星主带和柯伊伯带中的小天体也多自西向东，沿逆时针方向绕太阳运行。距离太阳越远的行星、小行星和柯伊伯带天体绕太阳运转的轨道速度越慢，距离行星越远的卫星绕行星运转的轨道速度也越慢，这一现象分别称为太阳系的较差自转和行星系的较差自转。

质量占太阳系总质量的 99.86% 的太阳的角动量只占 1% 左右，而质量仅占 0.14% 的太阳系其他天体的角动量总和却占 99% 左右，这一特殊的角动量分布现象是太阳系的一个运动特征。

太阳相对于邻近恒星的运动速度为 19.6 千米/秒，朝向武仙座一点，该点称为太阳向点，简称向点。此外，太阳和太阳系还以 250 千米/秒的速度在银河系中绕银心运行，约 2 亿年绕转一周。

在宇宙中的地位 太阳是银河系内的约 2000 亿个成员恒星中的普通一员。按质量计，它是中等质量的矮星；按光度计，它是中等光度的矮星；按表面温度计，它是约 5000K 的黄矮星；按年龄计，它是已诞生约 50 亿年，处在演化进程的中间阶段，为其一生中的中年恒星。根据太阳的金属丰度确认，它属星族Ⅰ，亦即不是银河系的第一代天体，而是第二代或第三代恒星。

太阳系位于距银河系中心约 25 000 光年的银盘（银河系的圆盘结构）中，和其他上千亿个恒星一道环绕银心运转，太阳的轨道速度为 250 千米/秒，约 2 亿年绕行一周。太阳和太阳系不处在特殊位置上，不是银河系的中心。银河系是一个巨型旋涡星系，是已观测到的约上千亿个多种类型的星系中的普通一员。银河系也不是大宇宙的中心。

日心体系

认为太阳是宇宙中心，地球和其他行星都绕太阳转动的学说。又称"日心地动说"或"日心说"。公元前 3 世纪，古希腊学者阿利斯塔克就有过这种看法，但未得到进一步发展。在后来的 1000 多年中，托勒密的地心体系在欧洲占了统治地位。直到 16 世纪，波兰天文学家 N. 哥白尼经过近 40 年的辛勤研究，在分析过去的大量资料和自己长期观测的基础上，于 1543 年出版的《天体运行论》中，系统地提出了日心体系。在托勒玫地心体系中，每个行星运动都含一年周期成分，但无法对此做出合理的解释。哥白尼认为，地球不是宇宙中心，而是一颗普通行星，太阳才是宇宙中心，行星运动的一年周期是地球每年绕太阳公转一周的反映。哥白尼体系另一些内容是：①水星、金星、火星、木星、土星五颗行星和地球一样，都在圆形轨道上匀速地绕太阳公转。②月球是地球的卫星，它在以地球为中心的圆轨道上，每月绕地球转一周，同时跟地球一起绕太阳公转。③地球每天自转一周，天穹实际上不转动，因地球自转才出现日月星辰每天东升西落的现象。④恒星和太阳间的距离十分遥远，比日地间的距离要大得多。哥白尼曾列举了许多主张地球自转和行星绕太阳公转的古代学者名字，他发扬了这些学者的思想，竭尽毕生精力，经过艰辛的观测和数学计算，以严格的科学论据建立了日心体系。后来的观测事实不断地证实并发展了这一学说。限于当时的科学发展水平，哥白尼学说也有缺点和错误，这就是：①把太阳视为宇宙的中心，实际上，太阳只是太阳系的中心天体，不是宇宙中心；②沿用了行星在圆轨道上匀速运动的旧观念，实际上行星轨道是椭圆的，运动也不是匀速的。在哥白尼之后，意大利思想家 G. 布鲁诺认为太阳并不是宇宙的中心，也并不存在"恒星天"这一层，他大胆地提出了宇宙无限而且不存在中心的正确见解。德国天文学家 J. 开普勒彻底地摒弃了托勒密地心体系的本轮、均轮概念，明确指出行星运动的轨道是椭圆的，而太阳位于椭圆的一个焦点上，从而解决了行星运动速度不均匀的问题。布鲁诺和开普勒的这些见解是日心体系的重要发展。

地心体系

认为地球静止地居于宇宙中心，太阳、月球、行星和恒星都绕地球转动的学说，又称"地球中心说"、"地心说"或"地静说"。这一学说最初为欧多克斯和亚里士多德等所倡导。后来，古希腊学者阿波隆尼提出本轮均轮偏心模型。约在公元140年，亚历山大城的天文学家托勒密在《天文学大成》中总结并发展了前人的学说，建立了宇宙地心体系。这一体系的要点是：①地球位于宇宙中心静止不动。②每个行星都在一个称为"本轮"的小圆形轨道上匀速转动，本轮中心在称为"均轮"的大圆轨道上绕地球匀速转动，但地球不是在均轮圆心，而是同圆心有一段距离。他用这两种运动的复合来解释行星视运动中的"顺行""逆行""合""留"等现象。③水星和金星的本轮中心位于地球与太阳的连线上，本轮中心在均轮上一年转一周；火星、木星、土星到它们各自的本轮中心的直线总是与地球－太阳连线平行，这三颗行星每年绕其本轮中心转一周。④恒星都位于被称为"恒星天"的固体壳层上。日、月、行星除上述运动外，还与"恒星天"一起，每天绕地球转一周，于是各种天体每天都要东升西落一次。

托勒密适当地选择了各个均轮与本轮的半径的比率、行星在本轮和均轮上的运动速度以及本轮平面与均轮平面的交角，使得按照这一体系推算的行星位置与观测相合。在当时观测精度不高的情况下，地

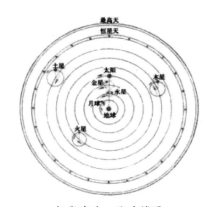

托勒密地心体系简图

心体系大致能解释行星的视运动，并据此编出了行星的星历表。可是，随着观测精度的提高，按照这一体系推算出的行星位置与观测的偏差越来越大。他的后继者不得不进行修补，在本轮上再添加小本轮，以求与观测结果相合；尽管如此，还是经不起实践检验，因为这一体系没有反映行星运动的本质。在欧洲，教会利用托勒密的地心体系作为上帝创造世界的理论支柱，在教会的严密统治下，人们在一千多年中未能挣脱地心体系的桎梏。十六世纪中叶，哥白尼提出了日心体系，并为后来越来越多的观测事实所证实，地心体系才逐渐被摒弃。

月 相

月球圆缺（盈亏）的各种形状。月球本身不发光，只是反射太

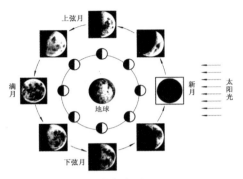

月相成因

阳光。月球绕地球运转，地球绕太阳运转，月球、地球和太阳三者的相对位置不断变化，因此，地球上的观测者所见到的月球被照亮部分也在不断变化，从而产生不同的月相。月相与月球、太阳之间的黄经差有对应关系，当黄经差为0°、90°、180°和270°时，月相依次称为新月（朔）、上弦、满月（望）和下弦。月相更替的平均周期等于29.530 59平太阳日，即朔望月的平均长度。月相可从月龄大体上推算出来。中国夏历（农历）日期基本符合月相变化。每月初一必定是朔；至于望，则可能发生在十五、十六、十七这三天中的任一天，以十五、十六居多。

朔 望

朔是指月球与太阳的地心黄经相同的时刻。这时月球处于太阳与地球之间，几乎和太阳同起同落，朝向地球的一面因为照不到太阳光，所以从地球上是看不见的。望是指月球与太阳的地心黄经相差180°的时刻。这时地球处于太阳与月球之间。月球朝向地球的一面照满太阳光，所以从地球上看来，月球呈光亮的圆形，称满月或望月。从朔到下一次朔或者从望到下一次望的时间间隔，称为一朔望月，约为29.530 59日。这只是一个平均数，因为月球绕地球和地球绕太阳的轨道运动都是不均匀的，二者之间也没有简单的关系。因此，每两次朔之间的时间是不相等的，最长与最短之间约差13小时。在中国古代历法中，把包含朔时刻的那一天称朔日，把有望时刻的那一天称望日；并以朔日作为一个朔望月的开始。在历日的安排中，通常为大小月相间，经过15～17个月，接连有两个大月。

东汉以前的历法中，都是把月行的速度当作不变的常数，以朔望月的周期来算朔，算出的朔后来称作"平朔"。东汉前后发现了月亮运动的不均匀性，此后人们就设法对平朔进行修正，以求出真正的朔，称"定朔"。首次载有这种修正算法的历法，是刘洪创制的《乾象历》。隋代刘焯的《皇极历》，才把日行也有迟疾（就是地球绕日运动不均匀性的反映）的因素考虑到"定朔"的计算中去。

陨 石

来自行星际空间、穿过地球大

气层烧蚀后而残留下来并降落到地面的地外固体物质。除从月球取回的 382 千克月岩和月壤样品外，陨石是人类唯一获得的来自地球之外的岩石样品，是可直接在实验室进行分析以认识太阳系形成与演化的窗口。虽然每天降落到地球的地外物质约 100 ～ 1000 吨，但大约只有 1% 可降落到地面成为陨石，绝大部分在穿过大气层时已经燃烧殆尽；而能被发现并回收的陨石则更少，因为很多陨石常常陨落于海洋和人迹罕至的极地、沙漠、高山与森林。因此，陨石是非常稀少而珍贵的科学资源。

命名　陨石通常以降落地（或发现地）命名。但南极与撒哈拉沙漠等荒漠地区，以回收的地区、年代与回收顺序依次排列命名。如 1998—1999 年夏季中国第 15 次南极考察队在格罗夫山地区发现并收集的 4 块陨石的编号为 GRV9801、GRV9802、GRV9803 与 GRV9804。有的地区发现较多的陨石，对学者们来说达到了"耳熟能详"的程

度，于是采取了简写的方式，如西北非洲（Northwest Africa）和利比亚的 Dar al Gani 地区已被分别简写为 NWA 与 DaG。在南极与荒漠地区，一次收集工作中常常收集到很多陨石，其命名采取"地区＋年份＋编号"的方法。如最早被公认为月球陨石的 Allan Hills 81005（简写为 ALH 81005），表示发现于南极 Allan Hills 地区，1981 年所收集到的第 5 块陨石。

陨落过程　现代研究表明，当流星体高速冲入地球大气层时（相对于地球的速度为 15 ～ 75 千米 / 秒），其前端使空气受到强烈压缩，形成极强的冲击波，陨星表面和周围空气温度陡升到几千度甚至上万度，使陨星表面的物质熔化和气化。陨星以很高速度往前冲，与地球大气的分子激烈碰撞而发光，形成耀眼的火球，称为火流星。火球一般在 135 千米以下的高度开始发亮，在距地面 10 千米时消失。在火球消失后的 1 至数分钟内，地面上即可听见霹雳般的爆炸声和雷鸣

声。有时地震仪能记录到较大陨星的冲击波信号和陨星落地时的震动信号。

陨星在高速降落过程中常常发生爆裂。爆裂后的碎块落向地面形成"陨石雨"。世界上最大的陨石雨是 1976 年 3 月 8 日 15 时陨落在中国的吉林陨石雨。

陨星降落时强大的冲击波撞击地面，挖掘地面形成的坑穴称为陨石坑。大多数陨星质量不大，陨落时受到大气的阻力，落地前的速度大为减小，一般为每秒几十米到300 米左右，因此不能形成陨石坑。而当一个非常大的陨星与地球相遇时，则会在瞬间释放出来巨大的能量，将大部分陨星物质和撞击点附

新疆铁陨石（陨落于准噶尔盆地，重约 30 吨）

近的地面物质粉碎甚至气化，形成一个相当大的陨石坑外，还把大量的地球物质熔化成滴粒状，散落到地面，成为玻璃陨石的来源；在形成陨石坑时，还会直接影响到地质构造，甚或触发地下深处的岩浆活动。

特征　陨石的大小不等，形状各异。既有重达几吨、十几吨或数十吨的，也有豌豆粒大小的，重量只有 1～2 克，甚至更小。虽然很小，却也是完整的陨石。陨石的形状各种各样，有钝圆锥状、多面体状、椭球体状、扁球形，以及各种不规则的形状。

一般来说，铁陨石质地坚硬，陨落时不易破裂，因而比石陨石的"个头"要大，最大的铁陨石是非洲纳米比亚的霍巴陨铁，重约 60 吨；其次是格陵兰的约克角 1 号陨铁，重约 33 吨；中国新疆大陨铁，重约 30 吨。世界上最大的石陨石是中国吉林 1 号陨石，重 1770 千克；美国的诺顿－富尔内斯陨石，重 1079 千克；美国长岛陨石，重

564 千克。

陨石的外观常常有一层很薄的（不及 1 毫米）的黑色或深褐色熔壳，是陨星在陨落过程中由于高温使表面熔化，在速度降低时冷却凝固而成。陨石的另一特征，就是表面有许多像河蚌壳、指印状的小凹坑，这是陨星与高温气流相互作用烧蚀留下的痕迹，称作气印。可以根据气印的排列状况和熔壳上熔凝物质流动的痕迹来判定陨星降落时在大气层中飞行的方位。

陨石的密度一般要比地球上常见的岩石大。在新鲜断面上，有时能见到闪闪发光的金属颗粒和金黄色的硫化物细粒，大多数石陨石中还能看到许多小球粒。铁陨石有如人工冶炼的铁块，常有灰色的熔

吉林 3 号陨石上的熔壳与气印

壳；铁陨石新鲜断面上可见黄色的硫化物包体，将其磨平抛光能见到非常漂亮的金属结构。

截至 1999 年 12 月，全世界经国际陨石学会编录在册的各类陨石有 22 507 个。

近年来地球上找到陨石最多的还是南极洲，仅 2003 年，中国南极科考队就在南极洲找到 4448 块各类陨石。

分类 按矿物组成、化学成分和结构构造可将陨石分为三类：石陨石、铁陨石和石铁陨石。

石陨石 主要由硅酸盐矿物组成，含有少量铁－镍金属和铁的硫化物。石陨石是最常见的陨石，按目睹降落的陨石次数统计，占全部陨石的 92%。根据结构，石陨石又可分为球粒陨石与无球粒陨石，其中球粒陨石占 84%。球粒陨石含有许多球状颗粒。颗粒直径从零点几毫米至几毫米。球粒结构是地球上的岩石中所没有的特殊结构。球粒主要由橄榄石和辉石颗粒组成，球粒之外的基质是不同结晶程度的橄

榄石、辉石、长石、铁－镍金属和陨硫铁。

按照化学成分和矿物组成，球粒陨石分为3个化学群：E群（顽火辉石球粒陨石）、O群（普通球粒陨石）与C群（碳质球粒陨石）。普通球粒陨石又分为3个亚群：H群（橄榄石－古铜辉石球粒陨石）、L群（橄榄石－紫苏辉石球粒陨石）、LL群（橄榄石－易变辉石球粒陨石）。碳质球粒陨石根据所含水、硫、碳与特征元素比值（Fe/Si、Mg/Si、Al/Si）又分为4个亚类：CI、CM、CO与CV。

无球粒陨石是一种不含球粒的粗粒晶质陨石，酷似地球上的玄武岩和纯橄榄岩类岩石。它所含的橄榄石比球粒陨石少，长石一般含有丰富的钙。

铁陨石　主要由金属铁与镍组成，含少量铁的硫化物、磷化物和碳化物。地球上自然铁中镍的含量不超过3%（一般在1%以下），而铁陨石中的镍含量都在5%以上。铁陨石中铁纹石含镍4%～7%，镍纹石含镍20%以上。将铁陨石切割抛光并用稀硝酸蚀刻，大多会出现一种特殊的花纹——维斯台登像（这种花纹仅见于八面体铁陨石）：铁纹石的发亮细条带与镍纹石条带交叉组成网格状花纹。

铁陨石中常见的矿物是铁纹石、镍纹石与陨硫铁等。地球上的自然铁没有维斯台登像。实验研究表明，熔化的镍铁在异常缓慢冷却的条件下（℃/百万年）才会结晶出这种花纹。

石铁陨石　介于石陨石和铁陨石之间的过渡型陨石，由大致等量的硅酸盐矿物和铁－镍金属组成。它又分成几种，其中较常见的为橄榄镍铁陨石（又称"巴拉斯陨铁"）和中铁陨石（又称"中陨铁"）。

化学成分、矿物成分和有机物　化学成分　组成陨石的近百种化学元素与组成太阳、地球、月球等太阳系天体的化学元素是一致的，但各元素的比值不同。无球粒陨石的化学成分与地球上的超基性岩、基性岩和基性火山岩的化学成分相近，而其他类型陨石的化学成分与地球岩石差异较大。陨石的矿物、化学、同位素组成及成因的研究表明，CI 型碳质球粒陨石的元素丰度可能代表太阳系的平均元素的丰度（氢、氦除外）。

矿物成分 经详细的鉴定，陨石中总共发现有 100 多种原生矿物。其中有：自然元素类（石墨、金刚石、自然铜、自然硫等），合金（镍纹石、铁纹石、四方镍纹石、铁镍矿），硅酸盐类（辉石、橄榄石、长石、角闪石、蛇纹石），氧化物类（石英、鳞石英、方英石、磁铁矿、尖晶石、铬铁矿、褐铁矿、钛铁矿等），硫化物类（陨硫铁、黄铁矿、闪锌矿、黄铁矿、斑铜矿、墨铜矿、陨辉铬矿、镍黄铁矿等），磷酸盐类（陨磷钙钠石、磷铁锰矿、氯磷灰石等），硫酸盐类（石膏、泻利盐、黄钾铁矾等），碳酸盐类（方解石、白云石、菱镁矿等），氯化物类（陨氯铁），碳化物类（碳硅石、镍碳铁矿等）、硅化物类（等轴硅镍矿）、氮化物

类（氮钛矿），磷化物类（磷铁镍矿等），以及氢氧化物类（针铁矿与纤铁矿）等。仅见于陨石的矿物约 30 多种，除上述有 * 号的矿物外，还有六方金刚石、西伽马铁（ΣFe）、硅氮氧矿、氮铁镍矿、硅磷镍矿、硅铁矿、硫铁钛矿、陨辉铬铁矿、硫镁矿、硫铬矿、硫钠铬矿、铬镁硅矿、陨尖晶石、陨碱铁硅石、陨碱镁硅石、陨碱铝镁硅石、陨镁铁榴石、硅氮氧矿、镁铁钛矿、磷镁石、镁磷钙钠石、磷镁钠石、磷镁钙石、磷钠钙石、陨磷镍铁矿、磷铁镍矿、陨氯铁，以及涂氏磷钙石等。

陨石矿物比地球上已发现的矿物（约 3000 多种）少得多，主要矿物与地球上某些岩石的矿物组成没有太大的差别。但是，陨石毕竟处于与地球不同的环境，矿物形成的条件一般是在比较缺水和偏于还原的条件。因此，陨石矿物中很少见到氢氧化物和 Fe^{3+} 的化合物。有些陨石矿物在特殊条件下会改变矿物的结构相。有些矿物虽然在陨石

与地球上都有产出，成分也一样，但由于温度与压力条件的不同而成为两种矿物，如陨石中常见的陨硫铁，在地球条件下则生成磁黄铁矿。

有机物　20世纪70年代初，美国科学家在两块碳质球粒陨石中首次发现并证实了有机化合物的存在。迄今在陨石（主要是碳质球粒陨石）中已发现60多种有机化合物。这些有机化合物是在原始太阳星云凝聚的晚期，于低温和富含挥发成分的环境中合成的。多数人认为这些有机化合物属于非生物合成的"前生物物质"。研究表明，地球形成时也有大量的有机化合物加入，但后期复杂的地质过程使这些有机物难于辨认，而陨石母体却保存了"襁褓时期"的有机化合物。有些人认为在星云中的放电过程或在强的紫外辐射条件下，星云中的CH_4、H_2O、NH_3、H_2等有可能合成氨基酸和其他有机化合物。也有人认为由于太阳风或宇宙射线的作用，星云中尘埃表面俘获的星际有

机分子进一步演化，形成复杂的有机化合物。

陨石年龄　根据不同的演化阶段，陨石年龄可分为形成年龄、暴露年龄与降落年龄。

形成年龄　陨石母体的凝固年龄，又称晶化年龄。实际上也就是陨石母体凝聚的年龄。陨石素有太阳系"考古"标本之称，因而测定陨石的形成年龄对太阳系演化的年代学研究有极其重要的意义。陨石中铀－铅、钍－铅、钾－氩、钐－钕和铷－锶的同位素组成所测得的陨石凝结年龄（45.7 ± 0.3亿年，约略为45亿～46亿年），被视为太阳系各行星形成的年龄。根据各类陨石中$^{87}Sr/^{86}Sr$、$^{147}Sm/^{147}Nd$初始比值的测定，太阳星云开始凝聚的时间，是在距今47亿年以前。陨石中$^{40}Ar-^{39}Ar$、K–Ar和U–He年龄与U–Pu径迹年龄的测定，可以确定陨石母体中稀有气体Ar、He的保存年龄和矿物中径迹保存的年龄，为探讨陨石母体的大小、行星和陨石母体的热变质历史与内部的

冷却历史提供了有效的方法。

暴露年龄　陨石脱落母体后在宇宙空间暴露于宇宙射线辐照下的年龄，又称辐照年龄。即陨石在行星际空间运行的时间，又称宇宙暴露年龄。各类陨石的暴露年龄各不相同：石陨石一般为 2 万～8000 万年；铁陨石一般为 2 亿年，铁陨石的暴露年龄差异更大，从 400 万年到 23 亿年。从陨石的暴露年龄可以了解陨星在太阳系空间运行的某些轨道要素。陨石暴露年龄的频谱和月球各种月坑的暴露年龄（月坑的形成年龄）的频谱，描绘了太阳系空间碰撞事件的某些规律。

居地年龄　陨星陨落到地面成为陨石到被发现的时间。又称落地年龄或陨落年龄。很多降落在荒无人烟地区的陨石都不知道落地年龄，特别是南极冰层中的陨石，不同降落年龄的陨石常常混杂在一起。查明其降落年龄既可鉴别出"成对"或"成群"陨石，又有助于探讨冰层的移动方向与速度。

陨石与太阳系演化　一百多年来，运用科学方法对陨石开展了多学科的综合研究。尤其在现代，应用新的实验手段，如中子活化、电子探针、质子探针、质谱仪等，获得大量陨石研究的新资料，有力地促进了太阳系起源和演化的研究。

太阳系物质来源　陨石中的氧、镁、钙、锶、钡、钕、钐、碲、铀和各种稀有气体同位素组成有明显的异常。其原因可能是当星云在凝聚形成行星和陨石母体时，有邻近超新星爆发产物的进入污染了星云；也表明星云中可能残存着"前太阳"的成分，而星云的分馏、凝聚过程又没有稀释或消除这种影响。因此，太阳系的物质来源有可能不是单一的。

一般认为，组成 CI 型碳质球粒陨石的物质是太阳系中最原始的物质。许多碳质球粒陨石的富含难熔相的包体矿物中也发现 ^{26}Mg 有不同程度的异常。^{26}Mg 是由 ^{26}Al 衰变而成的，矿物中 $^{27}Al/^{24}Mg$ 值与 $^{26}Mg/^{24}Mg$ 值呈明显的正相关关系。^{26}Al 不可能是太阳系元素形成时的残留，而是星云凝聚形成陨石包体时，由邻近超新星爆发而产生的，注入星云后使富 Al 矿物中的 $^{26}Mg/^{24}Mg$ 值增高。

有些学者研究了陨石、月球和地球物质中的 $^{17}O/^{16}O$ 与 $^{18}O/^{16}O$ 后指出，碳质球粒陨石有相对过剩的 ^{16}O；它们只能在元素形成时由 He 燃烧而成。^{16}O 组成的异常表明有超新星爆发的物质进入星云。根据氧同位素的研究，可以将太阳系物质分为六种不同的来源。在一些陨石中还发现 Sm、Nd、Ba、Sr 同位素组成的异常及 Xe 同位素的 "V" 型异常，说明陨石中确实存在过某些 "已灭绝" 的元素，如 ^{244}Pu 与 ^{243}Am 等。

星云凝聚过程　陨石的研究还描绘了星云的凝聚过程：最早是难熔元素及其氧化物的凝聚，接着是钙、镁硅酸盐和铁镍金属凝聚。碱金属硅酸盐大约在 1100K 时凝聚，680K 开始有硫化铁凝聚，400K 时形成含水硅酸盐；温度再降低时则凝聚出水、干冰等物质。

行星化学演化　通过对微量元素的研究，得知一些行星、月球及某些陨星形成时的温度：水星约 1400K，金星约 900K，月球 650～700K，地球约 560K，火星约 480K，木星可能为 220K；普通球粒陨石中 H 群约 570K，L 群约 455K，LL 群约 450K；碳质球粒陨石低于 400K。

陨石母体、月球和类地行星内部的化学演化过程主要与质量和初始化学成分有关，大致可以分为三种类型。①陨石母体型（小行星型）。由于质量小，内部积累的能量少且散失快，因而陨石母体内部一般难于产生局部熔融，也不发生构造岩浆运动，难于分化出核、幔和壳层结构。元素在陨石母体内的移动仅以固体扩散（热变质过程）方式进行。热变质温度一般小于 1000℃。②火星－水星－月球型。它们在形成后的 10 亿～20 亿年间由于积累的能量相当高，内部发生了局部熔融，并产生剧烈的构造岩浆运动。亲铁元素和 FeS 在深部富集形成核及幔的一部分，而较轻的亲石元素在表面富集组成幔的一部分和壳。形成 20 亿年后，一般没有大面积的火山喷发，逐渐演化成为内部僵化的星体。大气层一般都很稀薄。其外貌特征是由古老的火山作用和陨星冲击所致。③地球 – 金星型。在形成 46 亿年以来的漫长岁月中，星体内部物质不断产生局部熔融和化学分馏，逐步形成核、幔和壳。行星内部的除气过程所排出的气体为行星所俘获，形成浓密的大气层与水圈。由于各种内力和外力的作用，星体表面不断得到改造，且为年轻的地层和岩石所覆盖。

研究简史　世界上很早就有关于陨石的记载，如大约公元前 2000 年埃及的"纸草书"上就出现过天外落下石块和铁块的记录。

中国是世界上最早系统记载与研究陨石的国家，保存有 700 多次陨石降落的文献资料。《春秋》记载了公元前 645 年 12 月 24 日在今河南商丘市城北的一次陨石降落：鲁僖公十六年"春，王正月戊申朔，陨石于宋五"。又曰"星陨也"。这不仅是一次有时间、有地点的确切记载，而且首次提出了陨石的成因——"星陨"。战国时期的思想家、教育家荀况说："夫星之坠，木之鸣，是天地之变，阴阳之化，物之罕至者也。怪之可也，而畏之非也。"这种认识比欧洲人要早 2000 多年。

此外，包括中国在内的世界文明古国的古代墓葬中常发现一些用

《春秋》中关于陨石的记载

043

铁陨石制作的器物，这说明古人很早就在利用陨石了，如河北藁城市的商代中期古墓中发掘出一件铁刃铜钺；据测试，铜钺的铁刃是用八面体铁陨石锻制而成。河南浚县出土的商末周初的两件青铜武器的铁刃和铁援部分也是由铁陨石锻制而成的。

但是，真正科学地描述和研究陨石是在近代的西方。1833年瑞典化学家J.J.贝采利乌斯首次分析了陨石的化学成分，1858年R.W.本生和G.R.基尔霍夫开始用光谱分析研究陨石的化学成分，打开了了解宇宙物质成分的窗口。1917年W.D.哈金斯综合了318个铁陨石和125个石陨石的化学成分，提出了宇宙元素丰度的偶数律。1930年诺达克夫妇又根据大量陨石的化学成分数据提出了元素的宇宙丰度。

近代中国一些学者对陨石的研究，最早始于章鸿钊1927年对中国古代陨石资料的收集与整理；接着，朱文鑫（1933）和王嘉荫（1963）延续了这项工作。王嘉荫在《中国地质史料》中收集了248条中国古代陨石的记载，初步研究了陨石的陨落周期。卞德培（1978）收集到截至1977年的53次陨石记录。禤锐光、夏晓和等在《中国古代天象记录总集》（1988）中搜集了从有史记载以来至1949年的365条陨石资料。

中国最早研究陨石样品的是谢家荣。1923年他研究了1917年陨落在甘肃的导河球粒陨石，1932年又研究了河南武陟石陨石。1925年李学清研究了江苏省丰县球粒陨石。但是，一直到1949年，中国也只是研究过这三颗陨石而已。自1956年涂光炽介绍新疆铁陨石伊始，中国开始出现有关陨石的研究性文章和科普文章。1960年开展了内蒙古球粒陨石和铁陨石的系统研究；1976年的吉林陨石雨极大地推动了中国的陨石研究工作，并以此为契机逐渐形成与发展了陨石学与天体化学，1979年出版的《吉林陨石雨论文集》是这一时期研究工作的集中体现。

20世纪80年代后，中国继续开展了陨石的矿物学、岩石学、化学成分、同位素年代学、宇宙成因核素、热历史等综合研究，使陨石学的研究稳步前进。1981年，中国矿物岩石地球化学学会成立了陨石学及天体化学专业委员会，并于1987年与中国空间科学学会空间化学及空间地质学专业委员会联合召开学术会议。从此，中国陨石学的研究进入一个稳定发展的阶段，逐步开展了宇宙尘、微玻璃陨石、陨石坑、宇宙成因核素，以及太阳系化学的研究，彰显了向天体化学发展的方向。

流 星

来自行星际空间的微小固态天体以高速进入地球大气并在夜空呈现的发光余迹现象。大小从0.01毫米到10米不等，而形成目视可见的流星现象的流星体典型大小为几毫米。进入大气的运行速度为每秒几十千米，在地球表面之上90～100千米处蒸发并辐射发光。凡亮度超过金星乃至白昼可见的流星称为"火流星"，它们在进入大气之前通常是米级大小的流星体，燃烧未尽的实体陨落地表即为陨星。以"宇宙尘"形式落向地球表面的流星物质每年平均有1.5×10^8千克。

夜空中的流星

小行星

沿近圆或椭圆轨道环绕太阳运行，没有彗星活动特征，大小从几厘米到 1000 千米的固态小天体。它们的绝大多数均分布在火星和木星的轨道中间的小行星主带中，与位于外太阳系的半人马族型小天体和海外天体、近地天体（NEO）、特洛伊族小行星以及彗星均属太阳系小天体。

发现　自从经验地描述大行星与太阳距离的提丢斯－波得定则于 18 世纪 70 年代提出以后，火星和木星的公转轨道之间是否存在未知天体问题开始为天文学家所关切。1801 年意大利天文学家 G. 皮亚齐在用望远镜目视巡天时观测到一颗在天球上移动的天体，经过轨道计算表明，它是位于火星和木星轨道之间的行星，但亮度仅 7～8 视星等。后又推算出直径不足 1000 千米，和当时已知的任一行星都相差太大，遂称为"小行星"。1802 年德国天文学家 H.W.M. 奥伯斯发现第二个，1804 年德国天文学家 K.L. 哈丁观测到第三个，1807 年奥伯斯又发现了第四个，它们也都是使用望远镜沿黄道带目视巡天所得。天文学家从而认识到，正如波得定则所预示，火星和木星轨道之间的空区，确实还有环绕太阳运行的天体。19 世纪下半叶，由于天文观测中引进照相方法，到 1900 年已发现的小行星增至 450 个，到 1950 年总数达 1600 个。1994 年以来，组建了国际间的小行星搜索网，采用效率更高的探测组件，使用计算机控制和管理望远镜并主持观测、搜索、发现、计算轨道和验证等全部巡天程序，推动了小行星观测事业的发展。到 2008 年初，已发现的小行星总数为 74 万个，有永久编号的 12 万个。

命名　在发现 4 个小行星后，西方天文学家按照大行星以古代神话中的神灵为名的传统，也将小行星冠以罗马神话中的女性小精灵之名。它们是谷神星（小行星1号）、智神星（小行星2号）、婚神星（小行星3号）和灶神星（小行星4号）。这一命名传统一直延续到19世纪80年代，随着新发现的小行星总数超过近300个，神话人物所剩日减而不敷选用。经国际天文界协商，新的命名由有命名权的发现者（天文学家或天文台站）自行取名。如张衡（1862号）、郭守敬（2012号）、牛顿（8000号）、哈勃（2069号）、莫扎特（1034号）、中国科学院（7800号）、北京大学（7072号）、小行星命名辞典（19119号）、联合国（6000号）、北京（2045号）、美国国家航空航天局（11365号）、CCD组件（15000号）等。1995年国际天文学联合会IAU下属的小行星中心颁布了新修订的命名管理法则。新的发现或疑似发现后，由小行星中心给予"暂定编号"，如1998CZ 6。

太阳系中的小行星

在新发现的小行星获得至少4次回归观测资料，并测定精确轨道之后，再给予"永久编号"，如20146号小行星。与此同时，发现人或发现单位获得专名命名权。

结构和大小　小行星主带中绕日运行的小行星总数不下百万个，但其质量的总和仅为地球质量的0.04%。按组成的化学丰度分为S、C、M、D、F、P、V、G、E、B和A共11类。富岩石S型、富碳质C型和富金属M型三类占了小行星的绝大多数，其中更以C型居多。S型的反照率平均为0.15，C型的平均为0.05。小行星主带中最大的一个是谷神星，直径934千米，大小在200～500千米的24个，150～200千米的45个，其余的都更小。以几十米、几米、几厘米计的小天体不计其数。小行星主带所在天区是太阳系中的力学不稳定区域，那里可能从来没有形成过大行星，所以小行星并非一个大行星裂碎的遗迹。由于个体的质量小，诞生以来从未发生过结构性的质变过程，因而保存了太阳系形成的早期物态，能提供太阳系起源和演化的有重大价值的信息。

轨道特征　主带小行星的轨道半长径a为2.17～3.64天文单位（AU），平均值是2.8AU。轨道偏心率e的平均值是0.15，比行星的大，比彗星的小。公转轨道面与黄道面的倾角i平均为9.4°，也比大多数行星的大，比彗星的小。

近地小行星　公转轨道的一部分延伸到内太阳系，近日点距离不大于1.3AU的小行星称为近地小行星。它们的轨道变异或是源于太阳系演化早期碰撞事件，或是由于受行星主要是木星摄动作用所致。按轨道特征可划分阿登群、阿莫尔群和阿波罗群三类。阿登群的轨道半长径a小于1AU，远日点距离大于1AU。阿莫尔群的近日点距离小于1AU，远日点距离小于3AU。阿波罗群的a不小于1AU，近日点距离不大于1AU。

小行星卫星和双小行星　20世纪90年代以来，行星际探测器已发现了约 20 个有卫星的小行星和双小行星，将拥有卫星的天体从行星一级延伸到小行星一级。已取得大小、轨道半径、绕转周期等基本参数的如小行星 243 号"艾达"、45 号"香女星"、90 号"休神星"、532 号"大力神星"、762 号"普尔柯瓦"等。

空间探测 "近地小行星会合"是第一个专为探测小行星而建造的行星际飞行器，简称"NEAR"，载有多色成像、近红外摄谱、X 射线 – γ 射线频谱、雷达测距等仪器设备。1996 年发射，1997 年飞掠小行星 253 号"玛西德"，被确认为 C 型小行星，测定大小为 66 千米 ×48 千米 ×46 千米，自转周期17.4 个地球日。2000 年飞临小行星433 号"爱神星"。测出这个 S 型近地小行星的大小是 35 千米 ×13 千米 ×13 千米，自转周期 5.27 小时。2001 年再度飞临"爱神星"，实现运作终止前的软着陆。

根据 2006 年颁布的《行星定义》，谷神星已被分类为矮行星。

此外，智神星、灶神星和健神星（Hygiea，小行星第十号）也被列入矮行星候选体。

水 星

太阳系八大行星之一。距太阳最近。"Mercury"是希腊神话中的"信使之神"。中国古代称"辰星"，西汉之后始称"水星"。最亮时的亮度可达 –1.9 视星等。水星与太阳之间平均距离为 0.3871 天文单位（AU）。水星的轨道偏心率 e 较大，为 0.21。与太阳距离的变化幅度是：近日距接近 0.31AU，远日距接近 0.47AU。由于离太阳的距离近，与太阳的角距离最大也不超过 28°，所以平时不易观看到，只有在大距附近时才便于观测。它的反照率只有 0.06，在四个类地行星（水星、金星、地球和火星）中是最小的。水星是内行星,用望远镜观测可见到有如类似月球的相位变化。

公转和自转　水星公转轨道面与黄道面的交角为7.00°,是太阳系八行星中轨道夹角最大的。水星公转运动的平均轨道速度是47.6千米/秒,近日点处为56.6千米/秒,远日点处为38.7千米/秒,在八行星中运动速度是最大的。公转周期是87.969个地球日,在八行星中是最短的。水星赤道和公转轨道的倾角等于0.1°,在八行星中最小,所以水星上没有季节之分,赤道上空的太阳总是直射,两极地区的日光永为斜射。1889年根据望远镜的

目视测量资料,曾确认水星的自转周期和公转周期同步。直到1965年,运用射电天文方法才得知自转周期应是58.646个地球日,纠正了一项历时近80年的基本资料错误。水星的自转周期和公转周期二者的长度比恰好是2∶3,即自转3周才1昼夜,历时约176个地球日。与此同时,公转了2周。因此,可以说水星上从日出到下个日出的1个水星日等于2个水星年。对于水星自转和公转的周期长度比为2∶3的现象,迄今尚无令人满意的理论解释。

物理状况　水星大气极端稀

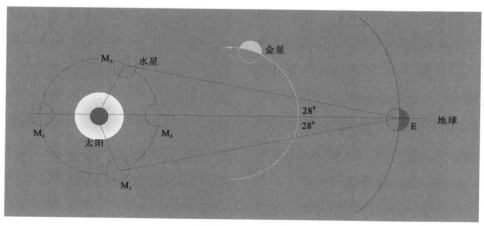

水星和太阳之间的角距

薄，原子的数密度为 $10^5/$ 厘米^3。含有氦、氢、氧、碳、氩、氖、氙等元素。水星的气压只有地球的 $1/10^{12}$，由于没有足以隔热的大气，在近日点时的赤道上的最高温度约为 725K，夜间温度又会下降到 90K，这在太阳系的行星和卫星上是已知的最大温差。

近日点进动问题　水星公转轨道上的近日点有自西向东位移现象，称之为进动。天文实测表明，每百年进动 5600.73 角秒，但按照经典力学计算出的数值应是 5557.62 角秒。其中的 90% 是岁差引起，其余的 10% 起因于其他行星的摄动。进动的观测值和计算值二者相差 43 角秒，这是天文学史上的水星近日点进动之谜。直到 1915 年，运用广义相对论才得到完满的理论解释。每当水星运行到太阳和地球的轨道之间，即上合方位，且三者又处于同一视线方向附近时，在望远镜中可见呈小黑圆点状的水星在太阳圆面前自东往西通过，此天象称为"水星凌日"。每

百年平均出现 13 次。

内部结构　水星赤道半径为 2440 千米，约为地球的 38%。质量约为地球的 5.5%。体积约为地球的 5.6%。水星的椭率为 0.0，即赤道半径和极半径的长度相等。平均密度 5.43 克 / 厘米^3，比地球的略小。赤道表面的重力加速度为 3.70 米 / 秒^2，因此逃逸速度也很小，为 4.4 千米 / 秒。水星是一个类地行星，它的内部结构很特别，铁成分所占的比例是行星和卫星中最大的。如果铁质物质都集中在内核，则铁核应占水星直径的 75%，并占水星体积的 42%，而硅质地幔和地表的厚度仅有 600 千米。与其比较，地球的铁核占地球直径的 54%，只占地球体积的 16%。

空间探测　到 20 世纪末，只进行过一次空间探测。"水手" 10 号行星际探测器于 1973 年 11 月 3 日升空，1974 年 2 月 5 日飞掠金星，随后 3 次与水星会合。第一次于 1974 年 3 月 29 日在距离 703 千米处飞临水星上空。第二次于同年 9

月 21 日在距离约 50 000 千米处考察水星。第三次于 1975 年 3 月 16 日在距离 327 千米处观测水星的暗面。"水手" 10 号配置有两台卡塞格林式望远镜和电视摄像机，共发送回 3700 幅几个不同波段的水星地貌图像，最高分辨率为 134 米，还利用观测资料汇编出第一部水星照相地貌图。空间探测的最大成就是发现水星表面遍布由陨击坑组成的环形山，与月貌甚为相似。小型陨击坑的密度也与月球的一致，但又有其独特之处，如有高 3 千米、长 500 千米的峭壁。另一项发现是探测到水星的偶极磁场，场强仅为地球的 1/60，还发现与磁场规模相匹配的磁层。此外，也测定了水星稀薄大气的各项基本参数。美国国家航空航天局于 2004 年 8 月 3 日发射了 "信使" 号水星探测器，于 2008 年飞临水星，并将于 2011 年开始为期一个地球年的环绕水星飞

水星地貌（喻京川的太空美术画）

行考察。主要使命是测定水星密度和密度分布，以期了解其内部结构和内核结构，考察极区地带；探测磁场和考察地质史；检测水星稀薄大气的元素组成。

金 星

太阳系八大行星之一。从地球上看，它是最亮的行星。"Venus"是希腊神话中的"爱情之神"，中国古代以"启明"和"长庚"分别称黎明前东方的晨星和黄昏后西方的昏星，西汉之后始称"金星"，民间俗称"太白"。最亮时的可达 –4.7 视星等，它的亮度是天上最亮的天狼星（大犬 α）的 19 倍，最暗时的亮度仍是天狼星的 8 倍。金星是除太阳、月球和某些罕见的偶现天体外星空中最亮的星。

金星和太阳之间平均距离为 0.7233 天文单位（AU）。金星的轨道偏心率 e 小于 0.01，与太阳距离的变化幅度很小。由于离太阳的距离近，和太阳的角距离最大也不超过 48°，所以作为晨星时只能出现在东南天空，昏星时只能呈现在西南天际，永远不会运行到正南方。它的反照率是 0.72，在四个类地行星（水星、金星、地球和火星）中是最大的。金星是内行星，用望远镜观测可见到有如类似月球的相位变化。金星的视直径变化幅度很大，距离地球最远时为 10 角秒，距离地球最近时达64.5 角秒。

公转和自转　金星公转轨道面

"水手"10号行星际探测器拍摄的金星全景

与黄道面的交角 3.39°。公转运动的平均轨道速度 35.0 千米／秒，公转周期 224.7 个地球日。赤道和公转轨道的倾角等于 177.4°。金星的自转运动很慢，是八行星中最慢的，自转周期为 243 个地球日。金星自转方向也与其他大多数行星相反，称为逆行，即从东往西，顺时针自转。公转和自转两者的合成效应是金星上一个金星日（从日出到下一个日出的时间间隔）长达 117 个地球日，即在一个金星年中只能见到两次太阳升起，而且是西升东落。由于轨道偏心率和轨道倾角都很小，金星上没有明显的季节变化。当金星处在"上合"方位，即处在太阳和地球轨道之间，且同时又在黄道附近，三者近似地处在同一视线上时出现"金星凌日"天象。这时只要用滤光片一类的器件减弱强烈日光，就能看到在太阳圆面前从东往西缓缓穿行的小黑圆斑状的金星。"金星凌日"现象每两次为一组，两次之间相隔 8 年，但两组之间的间隔却长达 100 多年。

最近一组的两次"金星凌日"分别出现于 2004 年 6 月 8 日和 2012 年 6 月 6 日。

理化状况　金星赤道半径 6052 千米，约为地球的 95%。质量约为地球的 82%。体积约为地球的 85%。椭率为 0.0。金星的平均密度 5.24 克／厘米^3，表面的重力加速度 8.87 米／秒^2。表面上物体的逃逸速度 10.4 千米／秒，比地球的（11.2 千米／秒）略小。金星也是类地行星，但许多方面与地球差异悬殊。金星具有一个厚大气层，地表的气压 95 帕，为地球表面大气压力 95 倍。由于强烈的温室效应，昼夜温差很小。表面温度高达 740K，足以融化铅，超过水星的温度，成为行星上的最热点。与地球的富氮大气不同，金星大气的主要成分是二氧化碳。大气中不含水，而含硫酸。金星地貌主要起源于火山活动，至少在最近的演化阶段没有大陆漂移和板块活动的迹象。根据雷达测高，全球表面基本为平原，90% 的表面与平均半径的

高差起伏在 –1.0 千米和 2.5 千米之间。全球表面的 27% 低于平均半径 1 ～ 2 千米，65% 高于平均半径 0 ～ 2 千米，8% 高于平均半径 2 ～ 12 千米。岩石圈厚度尚无定论，对内部结构的确切了解也还不多。空间探测确认金星没有磁场。

金星没有卫星。

空间探测　每隔 19 个地球月，金星即处在日地之间的"上合"方位，此时距离地球最近，为探测器的最佳发射期。金星的空间探测始于 1962 年，是飞行器造访次数最多的行星。"水手"号行星际探测器系列（美国）："水手"2 号于 1962 年首次飞掠金星。1967 年"水手"5 号、1974 年"水手"10

金星地貌（喻京川太空美术画）

号相继升空，主要任务是就近考察金星大气，拍摄了 3500 幅不同距离的图像。"金星"号探测器系列（苏联）："金星"4 号于 1967年首次成功飞临，1970 年《金星》7 号首次着陆。1972—1983 年"金星"8 ～ 16 号相继考察，拍摄表面图像、实施地质化学测量、测定放射性元素含量、测绘分辨率 1 ～ 2千米的北极附近地形地貌。"先驱者 – 金星"号探测器系列（美国）："先驱者 – 金星"1 号和 2号在 1978—1992 年考察金星，其中 1 号环金星飞行，用雷达测高计绘制地形图，水平分辨率 50 千米，高程分辨率 200 米。2 号则投放 4 个探测器并实施质谱测量。"维佳"号（苏联）："维佳"1 号和 2号于 1984—1985 年就近和着陆考察，其中 2 号利用投放的仪器测定土壤样本的 X 射线荧光效应。"麦哲伦"号金星探测器（美国）："麦哲伦"探测器是一个雷达测绘飞行器，1989 年由航天飞机发送近太空。1990—1994 年期间完成金星全球 98% 地表的测绘，分辨率 120 ～ 300 米。此外，还取得了有关高度、辐射、重力等参数的测量资料。此外，"伽利略"号行星际探测器（美国）在奔向木星的途中，于 1990 年飞临金星实施顺访考察，取得金星夜晚半球的云层近红外图像。2005 年 11 月，"金星快车"号探测器（欧盟）发射上天，于 2006 年 4 月进入环绕金星运行轨道，开始执行为期 486 个地球日的环绕金星的飞行探测。

火　星

太阳系八大行星之一。从地球上看，颜色最红的行星。"Mars"是罗马神话中的"战争之神"，中国古代称"荧惑"，西汉之后始称火星。

公转和自转　火星与太阳之间平均距离为 1.5237 天文单位（AU）。火星公转轨道的偏心率较大，e 为 0.09。与太阳距离的变化幅度是：近日距 1.38AU，远日距 1.67AU。与地球距离的变化幅度更大：近地距 0.38AU，远地距 2.67AU。所以，火星的亮度能从最近时的 –2.9 视星等变到最暗时的 +1.8 视星等，二者相差约 75 倍。火星的反照率很小，为 0.16，低于金星（0.72）和地球（0.39），仅略高于水星（0.06）。公转轨道面与黄道面的倾角为 1.85°，所以火星总是在地球的夜空沿着天球上黄道运行。公转的平均轨道速度 24.13 千米 / 秒。公转周期 686.9 个地球日，略小于两个地球年。火星的赤

在火卫一上看火星（喻京川的太空美术画）

道与公转轨道的倾角 25.19°，和地球的黄赤交角 23.45° 近似，所以火星也有类似的四季现象，只是每季的长度要比地球的长出约一倍。每当地球运行到太阳和火星轨道之间，太阳和火星的黄经相差 180° 之际，称为"火星冲日"。此刻的火星方位称为"冲"。地球每隔 764～806 日，平均 780 日，一遇火星冲日，此时火星距地球较近，可从日落到日出整夜呈现在星空，是观测最佳时候，亮度约是天狼星的 3.5 倍。若冲日时火星位于近日点，称为"大冲"，约隔 15～17 年一遇。最近的一次大冲在 2003 年 8 月 29 日。若大冲时又逢地球位于远日点，此时地球和火星的距离最近，称为"最近距大冲"，为难得一遇的罕见天象。

理化状况　火星赤道半径 3396 千米，为地球的 53%。质量约为地球的 11%。体积约为地球的 15%。火星椭率为 0.0069，在四个类地行星（水星、金星、地球和火星）中是最为扁椭的一个。平均密度 3.93 克/厘米^3，比地球的（5.97 克/厘米^3）小。赤道表面的重力加速度 3.73 米/秒^2。赤道表面上物体的逃逸速度 5.0 千米/秒，比地球的（11.2 千米/秒）小得多。火星具有稀薄的大气，平均气压为 5.6 毫帕，仅约为地球的 1/1000。大气内二氧化碳占 95%、氮 2.7%、氩 1.6%，其余是微量的氧、一氧化碳、水蒸气、臭氧、氖、氪等。火星表面赤道附近夏季的最高温度可达 300K（27℃），记录到的最低温度是 145K（-138℃），全球表面年平均气温 210K（-63℃），比地球的 286K（13℃）低许多。火星呈红黄色。地表土壤含有大量氧化铁，受紫外辐射作用生成红黄色氧化物，大气中又悬浮红黄色微尘。除了极区覆盖白色极冠外，没有任何植被，远观火星是一个红黄色天体，近看火星表面为一片红黄色的荒芜不毛之地。随时可刮起时速达 400 千米、扬尘高 60 千米的大尘暴。空间探测确认具有极为微弱的磁场，场强仅及地球的 1/1000。没有检测到磁层。

空间探测 20 世纪 60 年代初到 2008 年，共进行约 40 次努力，其中约 20 次实现了对火星的飞掠、环行或着陆。美国在 60 年代发射的"水手"行星际探测器系列中，4 号、6 号、7 号和 9 号实现了地形和地貌的成像和测绘，大气成分、气压、水蒸气含量、气温、重力等的测定，提供了第一批近距离实测信息。美国的"海盗"1 号和 2 号于 1976 年先后实现了环火星考察和着陆探测。环火星飞行器拍摄地形图，测绘温度分布图。着陆无人实验装置进行分子测定和无机化学分析，实验结论是在南北半球各一个着陆点地区的地表和土壤中现在没有任何形态的生命迹象。此外，还完成了气候、地磁和地震的测量。美国的"火星全球勘测者"（MGP）和"火星探路者"（MPF）这两个空间探测器于 1996 年先后升空，次年飞临火星。MGP 在随后的一年多期间进行地貌摄像和地形雷达测绘，直到 1999 年 3 月勘测终止。摄像分辨率 3 米，优于以前的成就；测高的垂直精度 5 米，也优于已有的最佳值。MPF 于 1997 年 7 月到达火星上空后，投下自动行走考察装置"旅居者"。两个多月内行进了数百米，拍摄并送回 16 000 幅近景和远景图像。地貌特征显示在火星的早期演化史中曾经有过大洪水事件。21 世纪第一个成功运作的火星探测器是美国的"奥德赛"号，它于 2001 年 4 月升空，10 月飞临火星成为环火飞行器，2002 年进入环火近圆轨道，开始历时 1 个火星年（约合 2 个地球年）的考察。主要使命是勘察地表矿物的化学成分，并寻找岩石内可能有的蓄水。2003 年 6—7 月，3 个火星探测器——"猎兔犬 -2"号（欧盟）、"勇气"号（美国）和"机遇"号（美国）踏上探测火星之旅。它们于 2004 年 1—2 月相继飞临火星，其中"勇气"号和"机遇"号实现了软着陆。经过一年多的探索，取得了大量考察资料，但未发现火星表面存在有生命的迹象，也未直接探测到液态水。2005年8月，美国"环火星巡逻者"（MRO）发射成功，于2006年3月进入环火星轨道，执行历时2个火星年的勘测和考察使命。2007年8月，美国发射"凤凰"号火星车，于2008年5月在火星北极着陆，经取样分析，确认火星上有水。

表面特征　17世纪下半叶，在天文望远镜的光学质量逐步改善的条件下，目视测绘火星表面结构成为天文学家如C.惠更斯、G.D.卡西尼、F.马拉蒂、F.W.赫歇耳的一项观测课题。他们根据表面的固定标识测定自转周期，研究极冠的季节消长，记录偶现的大气现象等。近代观测始于1877年，那年正逢难得一见的最近距大冲。意大利天文学家G.V.斯基亚帕雷利在他目测手绘的星面图上，除了标有前人记录下的类似月面结构的"大陆""低地""高原""洋""海""山""岛屿""港湾"等称谓外，还有他观测到的分布在火星表面的"线条"。由于观测报告的意大利文本中的英文译文的差错，意文的"线条"误成英文的"运河"。从此，引发了火星有智能社会并居有火星人的遐想，并在随后的几十年内出现了诸如火星生物学、火星植物学的研讨。直到20世纪上半叶的地基照相观测和下半叶的空间就近摄像，才最终地确认曾目视得见的"线条"或"运河"完全是视觉效应，根本不存在。空间勘测指出，和地球相比，火星具有更为险峻的地貌，地表的高低差一般为5～10千米。遍布环形山，但数目要比月球少得多。南半球密集古老的高低环形山，而北半球较多的则是年轻的火山熔岩平原，南北的平均高差约3千米。火星最大的五个环形山都是火山起源而非陨击坑。奥林波斯火山是太阳系天体上第一大的环形山，高27千米，直径550千米，火山喷口跨径90千米，中深3千米，周壁高6千米。火星有太阳系天体上最长、最深的大峡谷，长达3000千米，深8千米。赤道附近有一巨型隆起地带，长8000千米，高 10 千米。赤道地区还遍布既长又深的干涸河床。

内部结构　作为一个类地行星，也和地球同样有壳、幔和核三个层分。对它们的认知和推论，主要取自环火星飞行器的勘测、火星的陨星成分分析，以及"海盗"号安放的两台测震仪的实测。表壳平均厚度 40～150 千米，含硅、铝和镁。地幔厚度 1500～2100 千米，比地球厚。内核半径 1300～2000 千米，为火星半径的 38%～59%，主要成分可能是硫化铁。

生命探测　由于自然环境和条件与地球接近，百年来始终被认为是搜索地外生命的首选行星，也是拟议第一个登临月球以外的天体。20 世纪 80 年代，在南极大陆搜集到一块重 1.9 千克的陨石 ALH84001，经过化学和放射学分析及同位素纪年，于 1996 年确认它来自火星。研究表明，这块年龄约为 40 亿年的火星岩石，1600 万年前曾遭受陨击并飞溅到行星际空间，13 000 年前偶遇地球后陨落在南极地区。ALH84001 的微观结构显示可能含有原始生命的迹象。寻找火星是否曾出现和繁衍过生命一直是空间探测的首选课题之一。2008 年 6 月，"凤凰"号火星车确认火星有水，寻找火星生命的工作迈开重要的一步。

火星卫星　火星有火卫一（Phobos）和火卫二（Deimos）两个卫星。它们是 1877 年火星大冲时美国天文学家 A. 霍尔用望远镜目视观测所发现。火卫很暗弱，亮度分别为 11.3 和 12.4 视星等。利用火卫的轨道观测资料，霍尔第一

"海盗"1 号着陆实验装置降落在火星上

个精确地推算出火星质量，与今日公认资料的差值小于 0.1%。它们离火星很近，火卫一的轨道半长轴仅是火星半径的 2.76 倍，火卫二的是 6.92 倍。这两个卫星都以近圆轨道沿火星的赤道面运行，轨道速度分别是 214 千米/秒和 1.36 千米/秒。公转周期分别是 7 时 39 分和 30 时 18 分。它们也与月球一样，自转周期和公转周期相等。由于火卫一的公转周期比火星的自转周期还短，在火星的天空上火卫一每日西升东落 2 次。它们的大小分别为 13.4 千米 ×11.1 千米 ×9.3 千米和 7.5 千米 ×6.2 千米 ×5.4 千米。它们的外形不规则，布有环形山。火卫一上的三个最大的陨击坑大小分别为 10 千米、5 千米和 5 千米。火卫二的环形山密度小些，最大的一个跨径 3 千米，还有一大块鞍状低槽地，长 10 千米，也像是源于陨击。二火卫的密度分别是 1.90 克/厘米^3 和 1.70 克/厘米^3，质量仅及月球的 0.15×10^{-6} 和 0.24×10^{-7}，与作为卫星的月球反差太大。它们的反

照率是 0.071 和 0.068。从大小、形状、密度、质量和反照率等几个参数来看，火卫更像是富碳的 C 型小行星。据推测，火卫一和火卫二可能都是早期岁月被火星俘获的小行星。

地　球

太阳系八个行星之一，按离太阳由近及远的次序为第三颗。是人类所在的行星。它有一个天然卫星——月球，二者组成一个天体系统——地月系统。地球大约有 46 亿年的历史。不管是地球的整体，还是它的大气、海洋、地壳或内部，从形成以来就始终处于不断变化和运动之中。在一系列的演化阶段，它保持着一种动力学平衡状态。

　　自转和公转　1543 年，N. 哥

白尼在《天体运行论》一书中首先完整地提出了地球自转和公转的概念。此后，大量的观测和实验都证明了地球自西向东自转，同时围绕太阳公转。1851年，法国物理学家傅科在巴黎成功地进行了一次著名的实验（傅科摆试验），证明地球的自转。地球自转周期约为23时56分4秒平太阳时（1恒星日）。地球公转的轨道是椭圆的，公转轨道的长半径为149 597 870千米（1天文单位），轨道偏心率为0.0167，公转周期为1恒星年（365.25个平太阳日），公转平均速度为每秒29.79千米，黄道与赤道交角（黄赤交角）为23°27′。地球自转和公转运动的结合产生了地球上的昼夜交替、四季变化和五带（热带、南北温带和南北寒带）的区分。地球自转的速度是不均匀的，有长期变化、季节性变化和不规则变化。同时，由于日、月、行星的引力作用以及大气、海洋和地球内部物质的各种作用，使地球自转轴在空间和地球本体内的方向都产生变化，

即岁差和章动、极移和黄赤交角变化。

形状和大小　希腊哲人亚里士多德（前384—前322）根据月食时月球上地影是一个圆，首次科学地论证地球应是圆球形状。另一位希腊地理学家埃拉托色尼（约前276—约前194）成功地用三角测量法测定了阿斯旺和亚历山大城之间的子午线长度。中国唐代南宫说于724年在今河南省选定同一条子午线上的13个地点进行大地测量，经天文学家一行（683—727）归算，求出子午线1°的长度。现在，根据大地测量、重力测量、地球动力测量和空间测量的综合研究，在国际天文学联合会公布的天文常数系统中，地球赤道半径为6378千米，扁率为1/298。地球不是正球体而是三轴椭球体，赤道半径比极半径约长21千米。地球内部物质分布的不均匀性，致使地球表面形状也不均匀。地球质量（包括大气圈等）为5.976×10^{24}千克，地球体积为1.083×10^{21}立方米，平均

密度为 5.52 克 / 厘米^3。

海陆分布与演变 地球表面的形态是复杂的，有绵亘的高山，有广袤的海盆以及各种尺度的构造。大陆上的最高处是珠穆朗玛峰，海拔达 8844.43 米，最低点为死海，湖面比海平面低 415 米；海底最深处马里亚纳海沟，深度达到 11 034 米。地球的总表面积为 5.100×10^8 平方千米，其中大陆面积约为 1.48×10^8 平方千米，约占地表总面积的 29%。地球是太阳系中唯一在表面和深部存在液态水的星体。海洋面积约为 3.62×10^8 平方千米，约占 71%。海面之下，大陆有一个陡峭的边缘。以平均海平面为标准，地球表面上的高度统计有两组数值分布最为广泛：一组在海拔 0 ～ 1000 米之间，占地球总面积的 21% 以上；另一组则在海平面以下 4000 ～ 5000 米之间，占 22% 以上。在地球表面水的总量约为 1.4×10^9 立方千米，其中淡水为 3.5×10^7 立方千米，只占总水量的 2.5%。

洋底岩石年龄小于 2 亿年，比陆地年轻得多，陆地上到处可以找到沉积岩，说明在地质时期这些地方可能是海洋。1912 年 A.L. 魏

"阿波罗" 17 号在宇宙空间拍摄的地球照片（据美国国家航空航天局）

格纳提出大陆漂移说，认为海洋和大陆的相对位置在地质时期是变化的。20世纪60年代初H.H.赫斯和R.S.迪茨提出海底扩张说，认为全球洋盆演化是洋底扩张的结果。此后板块构造说进一步解释了地球的运动。板块分裂造成大洋的形成，整个洋底在2亿年左右更新一次；板块挤压运动形成巨大的山系，如阿尔卑斯山、喜马拉雅山等。

结构和组成 地球是有生命的行星，它由不同物质和不同物质状态组成的圈层构成，即由固体地球、表面水圈、大气圈和生物圈所组成。随着科学的发展，它们分别成为固体地球物理学、地质学、海洋科学、大气科学和生物学主要研究的对象。

地球内部结构 根据地震波速度观测的结果，发现地球内部存在全球范围的速度间断面（如莫霍界面、古登堡界面和莱曼界面等）。用这些间断面可将地球分成不同的圈层。20世纪80年代，地震层析成像的研究发现地球内部结构有很

大的横向非均匀性，但总体上是径向分层的。主要分成地壳、地幔和地核三个圈层。

①地壳。固体地球的最上层部分，其底部界面是莫霍面。大陆地壳和海洋地壳有明显的不同，而不同地区大陆地壳厚度相差也很大，从20多千米到70多千米；海洋地壳仅几千米。地壳还可进一步分成不同的层，横向变化也很大。

②地幔。地壳下由莫霍面到古登堡面之间的部分。地幔可以进一步分为许多层。目前已确定的全球性间断面有410千米间断面，是由橄榄石到β尖晶石的相变形成；660千米间断面，是由尖晶石到钙钛矿和镁方铁矿相变形成，660千米间断面是上、下地幔的分界面。

③地核。地心到古登堡界面之间的部分，又可分为外核和内核两部分，它们之间的分界面为莱曼界面，深度在5149.5千米。地核主要由铁、镍及少量的硅、硫组成。外核为液态，内核为固态。

地球内部物质组成 地震波的

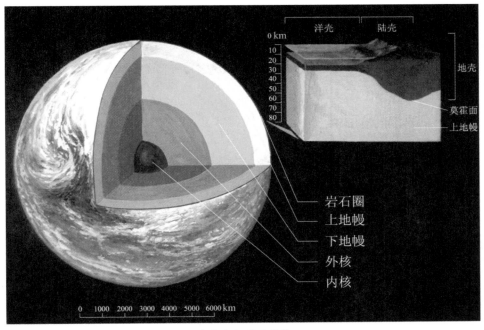

地球内部圈层结构

速度和物质密度分布提供了研究地球内部物质组成的约束条件。地核有约 90% 是由铁镍合金组成，但还含有约 10% ~ 20% 的较轻物质，可能是硫或氧（但也有人认为地核含有 21% 的硅，11% 的硫，7% 的氧）。上地幔的主要矿物是橄榄石、辉石和石榴子石。在 410 千米的深处，橄榄石相变为尖晶石的结构，而辉石则相变为石榴子石。在 520 千米的深度，β 尖晶石变为 γ 尖晶石，辉石分解为尖晶石和超石英。在 660 千米深度下，这些矿物都分解为钙钛矿和氧化物结构。在下地幔，矿物组成没有明显的变化，但在地幔最下的 200 千米中，物质密度有显著增加。这个区域是否有铁元素的富集还是一个有争议的问题。地壳中的岩石矿物是由地幔物质分异而成的。

地球总体成分 可通过两种途径求得。其一根据地球各圈层的密度、质量分配以及对地幔成分和地核成分的基本假设进行近似的估算。另一种是基于地球起源学说以及对陨石比较研究的结果，选择特定类型陨石的成分作为建立地球总体模型的基础。由于大气、海洋只占地球总质量的0.03%，地壳只占不到总质量的1%，所以地球的总体成分基本上决定于地幔和地核。1982年R.G.梅森假设地核的铁镍合金具有球粒陨石金属相的平均铁、镍成分，地核金属相占地球总质量的27.10%；据球粒陨石金属相中还含有一定成分的陨硫铁，计算出地核中含FeS总量为地球总质量的5.3%。而地幔加地壳的成分与球粒陨石硅酸盐相的平均化学含量相同（硅酸盐加少量的磷酸盐和氧化物），其质量为地球总质量的67.60%。据此梅森计算得到地球成分见表1。

表1中地球总体平均化学成分的数据尽管不够精确，但是已说明了一些重要的问题。地球质量的90%是由Fe、O、Si和Mg四种元素组成。含量超过1%的其他元素为Ni、Ca、Al和S。另外7种元

表1　地球的主要元素成分（%）

元素	金属相（M）	硫化物相（T）	硅酸盐相（S）	合计
Fe	24.58	3.37	6.68	34.63
Ni	2.39			2.39
Co	0.13			0.13
S		1.93		1.93
O			29.53	29.53
Si			15.20	15.20
Mg			12.70	12.70
Ca			1.13	1.13
Al			1.09	1.09
Na			0.57	0.57
Cr			0.26	0.26
Mn			0.22	0.22
P			0.10	0.10
K			0.07	0.07
Ti			0.05	0.05
合计	27.10	5.30	67.60	100.00

素 Na、K、Cr、Co、P、Mn 和 Ti 的含量介于 0.1% ～ 1% 之间。由此可知地球物质组成的某些特点。首先，由于元素与氧的不同亲和力（根据氧化物的生成自由能），MgO、SiO_2、Al_2O_3、Na_2O 和 CaO 先于 FeO 而形成，在氧不足的条件下，绝大部分的铁和镍将呈金属状态存在。各种氧化物将结合成为硅酸盐，例如 MgO 和 SiO_2 结合成 $MgSiO_3$（辉石），或者形成 Mg_2SiO_4

（橄榄石）。当达到一定的重力平衡状态，绝大部分致密物质向地心集中，并发生分层作用，形成致密的金属核和密度较小的硅酸盐地幔。丰度低的元素受到各种地球化学作用制约而在地球各圈层之间进行分配，如铂、金等倾向于同金属铁结合集中到地核，而亲氧元素铀等则同较轻的硅酸盐组合而集中在地球上部。其次，可以合理地设想，地球曾经被加热达到全部或部分熔融的状态，低熔点的挥发性组分（H_2O、CO_2、N_2、Ar 等）逸出，形成大气圈。地幔中富含 SiO_2、Al_2O_3、Na_2O 和 K_2O 的易熔和较轻的物质上升到表层如地壳。因此，早期的地球分离为地核、地幔、地壳、海洋和大气等层圈构造。已有的证据表明，约在 40 亿年以前，地球就已经接近于现在的层状结构状况。

水圈　地球表层水体的总称。地表的自由水有 97.3% 形成海洋，另有 2.1% 以冰的状态固结在两极。其余部分则以河流、湖泊及地下水的形式存在。大量液态水的存在是地球的一大特点。海水平均含溶解的盐类约占海水总质量的 0.35%，主要为氯化钠，具弱碱性。雨水及河水中的溶解物不多，大部分为碳酸氢钙（$CaHCO_3$），而略呈酸性。雨水可由工业废气中获得二氧化硫（SO_2），成为酸雨。河水每年平均可由其流域中每平方千米带走 100 吨的物质，其中约 20% 在溶液中。水圈与地壳的上部有较大程度的重叠。地下水可以环流到地壳内数千米的深度，受热并与岩石发生反应再回到地面。陆地上火山活动地区常有热泉及其他地热现象。在洋脊也有相似的热水活动，在喷出含有金属硫化物的黑烟囱处，温度可达 300 ℃，且有生物群生存在这种环境中。

大气圈　地球外部的气体包裹层。它与水圈相互作用。太阳的热能使海水蒸发，凝结成云，形成降水。陆地上的降水，形成径流，由地面或地下返回海洋。由地面至约 15 千米高度的大气层为对流层，其上至 50 千米高度的大气层为平流层。由平流层顶面向上至 80 ～ 85 千米为中间层。更向上到 500 千米左右高度为热层。500 千米高度以上为外逸层。

大气圈的温度随高度而变化，对流层内温度随高度而降低。向上在 20 ～ 50 千米之间温度又有所增高。在中间层内温度又随高度的增加而降低，最低可达 $-100 ℃$。在热层内温度又随高度的增加而增加。外逸层是等温的。

大气圈主要成分为氮、氧、氩、二氧化碳、水蒸气等。底部 100 千米范围内成分稳定。大气密度在地面大约为 1.2 千克 / 米^3，在 100 千米高度降为 10^{-6} 千克 / 米^3。在距地表 10 ～ 50 千米间为臭氧层，此层中臭氧虽属次要成分，但可以吸收来自太阳的大部分紫外线辐射。

根据大气电离特性，大气圈可分成中性层、电离层和磁层。地表至 60 千米左右为中性层，由中性气体组成，一般情况下带电离子少。在大气圈中 60 ～ 500 千米（或 1000 千米）高度范围内为电离层。其中由于电离作用而使部分原子和分子带电，形成离子与自由电子共存的状态。电离层的电子浓度大致由平流层开始，到中间层随着高度的增加而增大，在热层达到最大值，再向外即与外逸层重叠。电离层之外为磁层，即地球磁场影响的最外部分，离地面高度 1000 千米至数千千米。磁层中离子化最完全，致使形成等离子体，并受地球磁场的影响。在 3000 千米及 1500 千米高度上被地磁场捕获的带电粒子具有特高的强度，形成范艾伦辐射带（即地球辐射带），它连同磁层的其他特点是人造卫星用于太空探测以来的新发现。

生物圈　地球上有生命存在的特殊圈层。它包括大气圈的下部，岩石圈的上部和整个水圈。生物圈的成分、结构、动力学和空间分布的最重要特征是由活的有机体的活动决定的。这里有大量液态水，有来自太阳的充足的能量，有介于物质的液态、固态、气态之间的界面。在这里，生物之间、生物与环境之间相互作用，进行着物质、能量和信息交换，地球物质进行着生物地球化学循环，从而形成生物圈物质运动的不断发展过程。

地球重力场 地球重力作用的空间。作用在地球表面上的重力是地球质量产生的引力和地球自转产生的惯性离心力共同作用的结果。离心力对重力的影响随纬度的不同而呈有规则的变化，在赤道上最强。同时，由于地球不同部位的密度分布不均，也会引起重力的变化和异常。因此，重力异常可以提供地球不同部分密度变化的信息。

地球磁场和磁层 地球具有磁性，它周围的磁场犹如一个位于地心的磁棒（磁偶极子）所产生的磁场。这个从地心至磁层边界的空间范围内的磁场称为"地磁场"。地磁场是非常弱的磁场，其强度在地面两极附近最强，还不到 10^{-4} 特〔斯拉〕；赤道附近最弱。通常将地磁场看成是一偶极磁场，连接南北

两极的轴线称为"磁轴"，目前磁轴与地轴的交角大约 11°。磁轴与地面的交点称为地磁极，磁极的位置具有长期变化，有记录北磁极的坐标在北纬 79.3°、西经 71.5° 附近。

实际上地磁场的形态是很复杂的，它有显著的时间变化。变化可以分为长期的和短期的。地磁场长期变化来源于地球内部的物质运动；短期变化来源于电离层的潮汐运动和太阳活动的变化。电离层中的电流体系可引起地磁场的日变化，极区高层大气受带电粒子的冲击而产生极光和磁暴。太阳和地球间有称为太阳风的等离子体。地球磁场在向太阳的一面受太阳风的作用而压缩，在背太阳的一面则被拉伸，从而使地球磁场在地球周围被局限在一个狭长的称为磁层的区域内。由此可见，磁层是在地球周围被太阳风包围，并受地磁场控制的区域。磁层的外边界则称为磁层顶边界层。磁场的强度和方向不仅因地而异，也因时间不同而有变化。在地质历史时期磁极曾多次倒

转。地磁场主要起源于地球内部，来自空间的成分不足总量的 1%。地球磁场的起源和它在地史期间的变化，与地核的结构和物质的相对运动所产生的电流有关。

地球磁场的存在使地球免受太阳风的直接影响，磁层的存在对大气的成分和地面气候起重大的作用，并因此而影响到地球上生命的发展。

地球内部温度和能源 地面从太阳接收的辐射能量每年约有 10^{25} 焦［耳］，但绝大部分又向空间辐射回去，只有极小一部分影响地下很浅的地方。浅层的地下温度梯度约为深度每增加 30 米，温度升高 1℃，但各地的差别很大。由温度梯度和岩石的热导率可以计算热流。由地面流出的总热量为 4.20×10^{13} 瓦［特］。

地球内部的一部分能源来自岩石所含的铀、钍、钾等元素的放射性同位素。估计地球现在由长寿命的放射性元素所释放的热量约为 3.14×10^{13} 瓦，少于地面热流的损失。放射性生热少于地球的热损失可能有使地球逐渐变冷的趋势。

另一种能源是地球形成时的引力势能。假定地球是由太阳系中的弥漫物质积聚而成的，这部分能量估计有 2.5×10^{32} 焦，但在积聚过程中有一大部分能量消失在地球以外的空间，有约 1×10^{32} 焦的一小部分能量，由于地球的绝热压缩而积蓄为地球物质的弹性能。假设地球形成时最初是相当均匀的，以后才演变成为现在的层状结构，这样就会释放出一部分引力势能，估计约为 2×10^{30} 焦，这将导致地球的加温。地球是越转越慢的，地球自形成以来，旋转能的消失估计大约有 1.5×10^{31} 焦，还有火山喷发和地震释放的能量，但其数量级都要小得多。

地面附近的温度梯度不能外推到几十千米深度以下。地球内部自有热源，所以地下越深则越热。地下深处的传热机制是极其复杂的。在岩石层，传热的主要机制是热传导；而在地幔及外核，主要的传热机制是热对流，当然，这其中还包含其他的传热机制。根据其他地球物理现象的考虑，地球内部某些特定深度的温度是可以估计的：在100千米的深度，温度接近该处岩石的熔点，约为 $1100 \sim 1200℃$；在410千米和660千米的深度，岩石发生相变，温度各约在 $1400℃$ 和 $1700℃$；在核幔边界，温度在铁的熔点之上，但在地幔物质的熔点之下，约为 $3400℃$；在外核与内核边界，温度约为 $4600℃$，地球中心的温度约为 $4800℃$。

有了这些特定深度的温度估计，就可以根据主要的传热机制推论球对称地球模型下的温度分布。地球内部温度的分布对研究地球的演化和运动是极其重要的，是迫切需要解决的问题。

地球年龄　根据用多种同位素年代学方法测定陨石、月球和地球古老岩石的结果发现，太阳系各天体形成的年龄比较接近，形成先后的时间间隔约为1亿年，因此各种宇宙年代学测定的天体物质的年龄结果可以互相对比，并提高其可靠性。目前测得太阳系元素的合成年龄为62亿～77亿年，太阳星云凝聚成各行星，包括地球的年龄为45.4亿～46亿年。应用同位素地球化学测年方法还给出了地球演化历史中各地质时期的精确的时间坐标。

地球上生命起源和发展　地球是太阳系中唯一存在生命和人类活动的行星。地球上原始生物蓝藻、绿藻遗迹在年龄为35亿年的岩石中即有所发现。虽然地球上生命起源的问题并没有解决，但是大概可以追溯到40亿年前。地球早期的大气成分主要由水、二氧化碳、一氧化碳和氮气，以及由火山喷发出其他气体组成，在此情况下，生命必须由无氧的环境中开始，而氧进入大气则被认为是由于生物活动的结果。最初，氧在大气中的含量只能徐缓地增加，估计在距今20亿年时含量约为现在的1%。当大气中的氧增加到能够出现具有保护性臭氧层以后，生物才能在比较浅的水中生活。具有光合作用的生物的繁殖，又促进可以呼吸氧的动物的发展。多细胞生物的最初痕迹见于年龄约为 10 亿年的岩石中。在距今约 7 亿年时，复杂的动物，如水母、蠕虫以及原始的介壳类动物已经出现。到距今约 5.7 亿年，即前寒武纪和寒武纪之交，具有硬壳的动物大量出现，而使大量化石得以在岩石中保存。在此时期，海洋生物有突然的发展。鱼类出现在奥陶纪；志留纪晚期，陆地上已有植被覆盖。石炭纪海中出现两栖类。爬虫类和最初的哺乳类出现在三叠纪，但到新生代开始哺乳类才大量繁殖和扩散。生物的发展虽然表现有平稳的演化进程，但化石的纪录也显示了在整个显生宙时期有周期性的大量植物和动物种属大致在同一时期消失的现象。这种灾变的原因久经探讨，有些学者认为可能是由于陨石或小行星的撞击引起的。但是，也有学者指出并不是所有的生物都在同一时期受到影响。这个问题尚待进一步的研究。

空间探测地球　1947 年一个小型 V-2 火箭在 160 千米的高空取得第一幅自空间俯视地球的照片，成为地球空间探测的开端。1957 年人造地球卫星上天后，从空间观测地球逐步成为地球科学的常规手段。地球约从 46 亿年前诞生以来，气候和环境一直在持续地变化，太阳演变、火山活动、地壳运动、天体陨击、大气和海洋形成和变化、生命出现等致使地球成为一个活跃的和动态的行星，空间探测有助于认识、了解和预测地球演化的走向和前景。

木星

太阳系八大行星之一，也是太阳系中最大的行星。西名"Jupiter"是罗马神话中的主神，中国古代称"岁星"，西汉之后始称"木星"。

"冲日"时亮度达 −2.9 视星等，是夜空最亮恒星天狼星亮度的 3.5 倍。

公转和自转　木星与太阳之间平均距离约为 5.2 天文单位（AU）。木星公转轨道在小行星带外侧，是外太阳系中离太阳最近的一个行星。木星轨道偏心率 e 为 0.05。与太阳距离的变化幅度是：近日距为 4.95AU，远日距为 5.45AU。公转轨道和黄道面的夹角 1.30°，所以在天球上木星的运行轨迹与黄道的偏离很小。它的平均轨道速度13.06 千米/秒，不及地球的（29.79 米/秒）一半。公转周期是 11.87 个地球年，约为 4330 个地球日。木星赤道面与公转轨道面的倾角很小，等于 3.12°，在八行星中仅略大于水星的轨道交角。由于公转轨道和赤道与黄道的倾角都很小，所以在地球上总是以很小的视角侧看木星的极区。木星自转周期为 9 时 50 分至 9 时 56 分，是自转速率最快的一个大行星。

理化状况　木星是类木行星的

从木卫一看木星

典型代表。赤道半径 71 492 千米，约为地球的 11.2 倍。由于自转快，赤道半径明显大于极半径，椭率 0.062。质量约为地球的 318 倍，超过除太阳外的太阳系其他天体质量的总和。在大气压 1 帕处的表面重力加速度 24.8 米 / 秒 ^{2}，逃逸速度约 60 千米 / 秒，也都是八行星中最大的。体积约为地球的 1318 倍，超过其他三个类木行星（土星、天王星和海王星）。平均密度很低，仅为 1.31 克 / 厘米 ^{3}，不及地球的 1/4。它与类地行星大不相同，成分主要是氢、氦等轻元素。木星大气厚达 1000 千米，但和巨大的体积相比，仍只能算是薄层。大气中氢占 89%、氦 11%、甲烷（CH_4）0.2%。大气上层接受的太阳热量为地球的 3.7%，气温约 −140 ～ −150℃。反照率为 0.52。

"大红斑" 早在伽利略时代，天文学家即发现南北两半球上沿赤道带分布的、形态多变的条带状和斑纹状的云系，风暴的时速达 300 ～ 500 千米。1664 年，旅法意大利天文学家 G.D. 卡西尼（1625—1712）首次用长焦距折射望远镜观测到位于木星南半球的椭圆形 "大红斑"。"大红斑" 的宽度相当恒定，约有 14 000 千米，但长度在几年内就能从 30 000 千米变到 40 000 千米。21 世纪初，又观测到一个形体略小的红斑，称为 "小红斑"。现公认 "大红斑" 和 "小红斑" 都是个风暴气旋，但对其长达几百年的持续机制知之甚少。在八行星中，木星拥有最强的磁场，表面场强是地球的 14 倍，磁矩是地球的 20 000 倍。还有最强大的磁层、广袤的辐射带、壮丽的极光，并是很强的分米波和十米波射电源。推测核心处为一个半径约只有木星半径 5% 的铁 – 硅核，温度达 30 000K。其外是厚度达木星半径 60% 的液态金属氢壳层，再往外是厚度占木星半径 35% 的液态分子氢壳层。金属氢和分子氢的过渡区温度约 11 000K，压力达 300 万个地球大气压。最上层则是木星大气，厚度达 1000 千米，但与行星半径的尺度相比还只能算是一薄层。

木星环　为"旅行者"1号行星际探测器于1979年飞掠木星时发现，是继土星和天王星之后，观测到的第三个拥有环系的行星。环系由亮环、暗环和尘环三部分组成，又窄又薄，离木星又近，绕转木星一周约需7小时。整个环系的宽度约9000千米，约为木星半径的12%。亮环宽5700千米，不足木星半径的8%。除尘环和暗环外，亮环厚度仅1千米，由尘粒和水冰组成，反照率很低，可能小于0.05。与借助小型望远镜即可目视得见的土星光环不同，即使用最大的地基光学天文望远镜也观测不到木星环。

木星卫星　木星拥有成员众多的木卫族。最大的四个卫星是伽利略在1610年用他手制的折射望远镜首次观察木星时发现的，按与木星的距离由近及远，它们是木卫一（Io）、木卫二（Europa）、木卫三（Ganymede）和木卫四（Callisto），后世称之为伽利略卫星。最大的木卫三（直径5270千米）比水星还大。木卫四（直径4800千米）和木卫一（直径3640千米）虽比水星小些，但都大于月球。最小的木卫二（直径3130千米）仍大于矮行星冥王星。木卫一离木星太近，在强大引力作用下变成椭球状，还不时有猛烈的火山喷发。木卫二的表面是一层冰水圈，或许有某种形态的生命。木卫三的地貌显示曾经历过激烈的板块活动，或许有过水，它也被视为可能具备生命诞生条件的天体。伽利略卫星因其质量大和体积大，称为行星型卫星。到20世纪末，观测到的木卫已有16个，其中木卫五（Amalthea）、木卫六（Himalia）、木卫十四（Thebe）和木卫十五（Adrastea）是直径60～125千米的中型卫星。进入21世纪，借助巨型地基光学望远镜和哈勃空间望远镜，又新发现许多直径只有几千米的小型卫星，到21世纪初已知的木卫总数达63个。这些小木卫的轨道椭率大，与木星的赤道面夹角大，绕木星运行的方向既有逆行也有顺行，可能多是被木星俘获的小行星。

空间探测　迄今已有六个行星际探测器造访或顺访过木星。"先驱者"10号和11号探测器：前者1972年发射，1973年顺利穿过小行星带，同年飞掠木星。拍摄了一批木星、"大红斑"、木卫二、木卫三和木卫四的照片，并测量了辐射带的范围和强度。后者1973年发射，次年飞临木星南极上空，随后以高速奔向土星继续考察。"旅行者"1号和2号探测器：两个探测器于1977年先后升空，它们在1979年顺次飞临木星，近距离考察木星、伽利略卫星和木卫五，"旅行者"1号还首先发现木星环系，并送回大量有关行星际等离子体、低能荷电粒子、宇宙线和木星射电的信息。"伽利略"号木星探测器：于1989年由航天飞机送入太空。1994年在驶向外太阳系之际，正值出现彗木碰撞事件，"伽利略"接受临时的额外任务，从地基天文台和哈勃空间望远镜都不可能有的视角，及时而出色完成观测使命。1995年飞抵木星区域，在成为第一个绕木星运行的人造天体的同时，将一个子探测器投下一路测量温度和气压，历时1小时多，行程610千米。"伽利略"探测器则按指令直到2001年初已取得了大量有关木星大气结构、云系动态、磁层环境等资料，以及伽利略卫星的近距离图像。2002年11月，在超额完成探测计划后陨落木星大气深处。"卡西尼"土星探测器：1997年升空，在飞往土星时，于2002年年底在途中按指令顺便考察了木星。

土 星

太阳系八大行星之一。用小型光学望远镜能明显看清带有光环的行星。西名"Saturn"是罗马神话中的"农神"。中国古代称"镇星"，也称"填星"。西汉之后始称"土星"。"冲日"时亮度为 -0.5 视星等，约为织女一（天琴 α）亮度的 1.5 倍。

公转和自转　土星与太阳之间平均距离约为 9.6 天文单位（AU）。土星的轨道偏心率 e 为 0.06。与太阳距离的变化幅度是：近日距 9.01AU，远日距 10.07AU。公转轨道面和黄道面的夹角 2.49°，在 4 个类木行星中是最大的一个。平均轨道速度 9.67 千米 / 秒，为木星速度的 74%。公转周期约为 29.4 个地球年。土星赤道面和公转轨道面的倾角 26.73°，比地球的黄赤交角略大些，地球上能够以较大的视角交替地侧视土星南北两极。土星自转很快，自转周期 10 小时 39 分钟，仅略比木星慢些。

理化状况　土星赤道半径 60 268 千米，约为地球的 9.4 倍。

远见土星系

质量约为地球的 95 倍。体积约为地球的 744 倍。椭率为 0.098，为八行星中最扁椭的一个。土星是 4 个非岩石表面的类木行星之一，由于自转速率快，沿赤道带得见条带状云系。反照率为 0.47，和木星的 0.52 近似。在大气压力 1 帕处的表面重力加速度 9.1 米 / 秒 ^{2}，远小于木星的 24.8 米 / 秒 ^{2}。赤道带逃逸速度 35.5 千米 / 秒，也比木星 60 千米 / 秒的小。土星的平均密度 0.70 克 / 厘米 ^{3}，可以"浮于水"，它是太阳系中唯一轻于水的天体。土星大气中氢占 94%，氦占 6%，水和甲烷等仅为微量。大气上层接受的太阳热量相当于地球的 1.1%，气温约为 –160 ~ –170 ℃。推测土星有一岩石态内核，半径约 5000 千米。内核之外是 5000 千米厚的冰层，往外是 8000 千米厚的金属氢区，再外是宽度为 36 000 千米约占土星半径 60% 的分子氢区，最上则是厚 500 ~ 800 千米的大气。土星赤道带附近经常有云气旋，其中最大的一个卵形气旋，名为"大白斑"，长度约 5000 千米，小于木星的"大红斑"，但有时也会伸展到接近土星直径长度的规模。

土星环　伽利略于 1610 年最早用小型望远镜观察发现，直到 1650 年才经 C. 惠更斯借助长焦距望远镜证实。地基观测和空间探测确认，环系共有 5 "环" 和 4 "缝"，它们分别是 C、B、A、F 和 G5 环，"法兰西"、"卡西尼"、"恩克" 和 "先驱者" 4 缝。环系沿土星赤道面绕土星运转。最靠近土星的是 C 环，内边缘离土星中心约 1.2 个土星半径；最靠外的是 G 环，外边缘伸展到距土星中心 10 ~ 15 个土星半径处。环系由厘米级和米级大小的冰质块体组成，反照率约 0.5 ~ 0.6，显得很亮。由于土星的黄赤交角达 26.73°，所以在土星公转一周期间得以交替地观察到环系的北面即上面和南面即下面。最近的一次以最大的倾角展现北面在 2003 年，于 2019 年看到最大倾角的南面。土环很薄，除既弥散又黯淡的 F 环和 G 环外，厚度仅约 1

千米。每逢环系平面处在视线方向时，土环就会在几个小时内完全消失。上一次土环消失的天象发生于1995年，下一次将在2010年。

土星卫星　到2006年中，已观测到卫星56个。第一个土卫泰坦（Titan）于1655年由C.惠更斯发现，19世纪经排序定名为土卫六。17世纪70—80年代G.D.卡西尼发现了土卫三（Tetyys）、土卫四（Dione）、土卫五（Rhea）和土卫八（Iapetus）。18世纪F.W.赫歇耳记录到土卫一（Mimas）和土卫二（Enceluas），而土卫七（Hyperion）则是W.C.邦德于1848年确认的。除土卫九（Phoebe）外，其余的都是20世纪以来为地基大型光学望远镜和空间探测器所发现。土卫六是一个行星型卫星，直径5150千米，略小于木卫四，是太阳系中第二大卫星。土卫一、二、三、四、五、七和八是直径200～800千米的大型卫星。土卫九以及其余21个均为小于120千米的小型卫星。土卫六绕土星运转一周15.9个地球日，它是已知唯一一个有大气的卫星。质量为地球的2.2%，体积是地球的6.5%。平均密度1.88克/厘米^3，只及地球的34%。表面重力1.35米/秒^2，约为地球的14%。表面气压1.45帕，比地球的略高。大气成分主要是氮、甲烷、氢等。地表覆以水冰，也许会有某种形态的生命。

空间探测　迄今已有4个行星际探测器考察过土星。"先驱者"11号探测器：于1974年12月飞掠木星后历经5年的跋涉终于1979年驶抵土星，发送回440幅土星云系、大白斑、土环、土卫的近景图像，发现并测定土星的磁场。"旅行者"1号和2号：先后于1980年和1981年考察土星，用射电天文方法精确的测定自转周期，更新了这一基本数据。搜集了有关大气组成、内部结构、环系、卫星、磁场、磁倾角、磁层的信息，还探测了外太阳系空间的等离子体、低能荷电粒子和宇宙线。"卡西尼"土星探测器是第四个：1977年发射上天，在飞掠金星、地球和木星之时前后共4次获得提速后，于2004年7月与土星会合，进入环绕土星轨道，成为第一个土星的人造卫星探测器，并于2005年1月，将"惠更斯"自动实验装置投向土卫六，穿过云层，实现软着陆，开展了就地勘查，搜索外星生命信息。"卡西尼"则进行为期4年的连续飞行探测，到2008年近距拍摄土星大气、环系和土卫的图像总计50万帧。

天王星

太阳系八大行星之一。1781年，由旅英德国天文学家F.W.赫歇耳巡天观测时发现。天文界按以古代神话人物命名行星的传统称为"Uranus"，意为"天王之神"。中国天文学家取其译名为天王星。亮度5.7～5.9视星等，用小型望远镜可见，最亮时达5.5视星等，肉眼勉强得见。天王星是第一个用望远镜发现的大行星，将太阳系的领域从直径约20个天文单位（AU）扩大到近40AU。

公转和自转　天王星与太阳之间平均距离约为19AU。天王星的轨道偏心率e约为0.05，与太阳距离的变化幅度是：近日距18.28AU，远日距20.09AU。公转轨道和黄道的夹角0.77°，在四个类木行星（木星、土星、天王星和海王星）中是最小的一个。平均轨道速度6.83千米/秒，仅及木星运行速度的一半。公转一周需时83.75个地球年，自发现以来只过了2.6个天王星年。自转周期17小时14分钟，是四个类木行星中速率最慢的一个。天王星的赤道面和公转轨道面的倾角97.92°，它与黄赤倾角177.4°的金星逆向自转不同，而是侧向自转，在八大行星中是独一无二的，形成另类的昼夜交替和季节变化。由于自转轴贴近公转轨道，

从天王星卫星上看天王星（喻京川太空美术画）

天王星公转一周期间，每隔约21个地球年自转轴就从和公转轨道一顺变成沿轨道面转个90°，再过约21个地球年又变成一顺。太阳就这样轮流照射它的北极、赤道、南极和赤道。每一天王星昼和每一天王星夜都要历经近42个地球年才交替变换一次。太阳照射的极区，日不落，无黑夜，是夏季；而背向太阳的极区，日不升，永黑夜，是冬季。只在赤道附近南北纬度8°的区间地带才有昼夜变化。

理化状况 天王星赤道半径25 559千米，约为地球的4倍，比海王星（24 760千米）略大。整体近似球状，椭率为0.023，远比明显扁椭的木星和土星的椭率（0.062和0.098）小。体积约为地球的47倍。按大小在四个类木行星中排第三。平均密度1.27克/厘米^3，比海王星的（1.64克/厘米^3）小。质量比体积大些的海王星的小，约为地球的15倍。质量是类木行星中最小的一个。气压1帕处的表面重力加速度8.86米/秒^2，

赤道带逃逸速度21.3千米/秒。反照率为0.57，是类木行星中最大的。大气的主要组成是氢（83%）、氦（15%）、甲烷（2%）等。大气上层接受的太阳热量相当地球的0.27%，气温-200～-210℃。估计内部结构分三层，最内是岩核，中间是冰层，上面是分子氢层，最外是大气。

天王星环 1977年3月10日，地球上得见一次天王星掩星的较为罕见的天象。当时，天上有柯伊伯机载天文台（KAO），地上有包括中国科学院国家天文台兴隆观测站在内的一些天文台，用光学－红外望远镜进行了观测。掩星的实测资料显示，天王星有一个由多条环带组成的环系，这是继近400年前证实土星有光环之后，发现的第二个有环系的行星。1986年，"旅行者"2号行星际探测器在飞掠天王星时，拍摄到天王星环系的近景图像，环带共有10条，大多数为1～10千米宽的窄带，由厘米级和十厘米级的岩石组成，反照率

很低，约为 0.02，多呈暗黑色。内环的内侧到天王星中心的距离约为 1.6 个天王星半径，外环的外侧距中心约 2.0 个天王星半径。环系的总宽约 1000 千米。由于环系沿天王星赤道面伸展，在天王星绕日运行时也同样从与轨道面一顺，变成与之垂直，又变成一顺，再变回垂直。这一景观也是太阳系中仅有的。

天王星卫星　已知天王星卫星 27 个。1787 年，赫歇耳在他发现天王星 6 年之后，检测到两个天王星卫星，即天卫三和天卫四。到 1851 年，英国天文学家 W. 拉塞尔又观测到天卫一和天卫二。又过了近百年，G.P. 柯伊伯于 1948 年发现了天卫五。前四个天卫直径在 1100～1600 千米，相当月球直径的 30%～45%，第五个直径 480 千米，它们都是大型卫星。1986 年"旅行者"2 号考察天王星时，探测到 10 个前所未见的新卫星。此后，地基大型光学望远镜和哈勃空间望远镜又检测到 6 个。天卫六到天卫二十七都是直径只有几十千米的小卫星。天卫大多沿近圆轨道在天王星赤道面近处绕转。当随同天王星绕日运行时，天卫也有和环系类似的表现，即在一个天王星年内，天卫轨道从与天王星公转轨道面一顺，变成与之垂直，又变成一顺，再又与之垂直。

海王星

太阳系八大行星之一。19 世纪 40 年代，根据英国天文学家 J.C. 亚当斯和法国天文学家 U.–J.–J. 勒威耶各自独立计算的轨道根数，由德国天文学家 J.G. 伽勒于 1846 年 9 月 23 日按勒威耶预期的方位观测发现并证实。欧洲天文界按以古代神话人物命名行星的传统称为"Neptune"，意为"海王之神"，中国天文学家取其译名为海王星。至此，太阳系的领域从跨度40个天文单位扩大到60个天文单位。海王星亮度约7.8～8.0视星等，只有借助小型望远镜才能得见。

公转和自转　海王星与太阳之间平均距离约为30天文单位（AU）。海王星的轨道偏心率e小于0.01。与太阳距离的变化幅度是：近日距29.80 AU，远日距30.32AU。公转轨道和黄道的夹角1.77°，比天王星的（0.77°）略大些。平均轨道速度5.48千米/秒，比天王星的（6.83千米/秒）慢些。绕日公转周期164.79个地球年。从1846年发现之日算起，迄

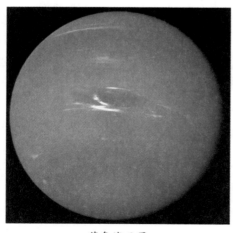

蓝色海王星

今尚未过满1个海王星年。自转一周16小时6分钟，比天王星的（17小时14分钟）略快些，但比木星和土星的自转速率慢。海王星赤道和公转轨道的倾角29.56°，比土星的（26.73°）略大些，这也使地球上的观测者能够以较大的视角交替地看到南北两极，但轮回时间要长达82个地球年。

理化状况　海王星赤道半径24 776千米，约为地球的3.9倍。椭率0.017，比外形明显扁椭的木星和土星的（0.062和0.098）小，是4个类木行星中最近似球形的行星。质量约为地球的17倍。体积约为地球的40倍。平均密度1.64克/厘米^3，比天王星的（1.27克/厘米^3）大，赤道半径（地球的3.9倍）虽然比天王星的（地球的4.0倍）略小些，但质量（地球的17.1倍）却大于天王星（地球的14.5倍）。在4个类木行星中，海王星的大小排第四，而质量排第三。海王星的赤道表面重力加速度11.00米/秒^{2}比天王星的（8.69米/秒^2）

大些。赤道逃逸速度 23.5 千米/秒，也比天王星的（21.3 千米/秒）略大。大气的主要成分是氢，其次是氦，还有少量的甲烷。海王星的反照率 0.51，比天王星的（0.57）略小。大气上层接受的太阳热量为地球的 0.11%，气温是 −210 ～ −220℃。据推测，内部结构也和天王星类似，大气之下有三层，最上是分子氢层，其下是冰层，内核则是岩态核心。除了自转轴的指向之外，海王星和天王星的其他天文特征、物理性质和化学组成都很相似，是太阳系内的孪生行星。

海王星环　　1984 年 7 月的一次海王星掩星的地基光学望远镜的观测资料显示，海王星有环系的迹象。1989 年 11 月，"旅行者" 2 号行星际探测器与海王星会合时，证实其确实存在。至此，太阳系的 4 个类木行星都确有固态颗粒组成的环系。已探测到共有 5 条环带，从里向外是伽勒环、勒威耶环、拉塞尔环、阿拉戈环和亚当斯环。最内环距行星中心 1.68 个行星半径，最外环距行星中心 2.53 个行星半径。

海王星卫星　　到目前已发现卫星 14 个。1846 年在发现海王星之后几周，英国天文学家 W. 拉塞尔搜索到海卫一（Triton）。百年之后，G.P. 柯伊伯于 1949 年发现海卫二（Nereid）。又过了 40 年，"旅行者" 2 号在拍摄海王星附近图像时搜索到海卫三至海卫八（Naiad、Thalassa、Despina、Galatea、Larissa 和 Proteus）。随着一小批口径 8 ～ 10 米的巨型光学－近红外望远镜的建成，沉寂 10 多年后又确认出三个前所不知的海卫，它们都极为暗弱，亮度为 24 ～ 25 视星等。

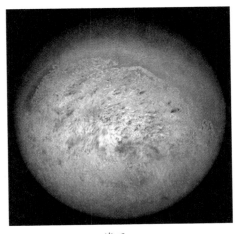

海卫一

海卫一直径 2700 千米，小于月球（3480 千米），但大于矮行星冥王星（2300 千米），为一个大型卫星。它沿圆轨道绕海王星运转，但运行姿态特殊，绕海王星运行的轨道与海王星公转轨道的夹角为 156.8°，以逆向即顺时针方向绕行。并由于海王星的赤道面与公转轨道面的倾角较大（29.56°），致使海卫一地面纬度 +56° ～ -56° 区间的日下点（即位于连接天顶处的太阳和海卫一中心的连线的海卫一表面上的一点）纬度产生巨大而复杂的周期变化，形成太阳系天体中最强烈的季节效应。此外，海卫一也具有和月球、伽利略卫星、冥王星等同样的同步轨道，即永远以同一半球朝向海王星。根据海卫一的轨道特征，推测它很可能是被海王星俘获的一个柯伊伯带天体。海卫二直径 340 千米，是一个中型卫星，其余的 9 个多是直径小于 200 千米和只有几十千米的小天体。

空间探测 "旅行者" 2 号行星际探测器于 1986 年探测天王星之后，在 1989 年飞临海王星。首次取得海王星、环系和海卫的近景图像。测量海王星的大气组成、温度和气压，发现巨大气旋 "大暗斑"。测定磁轴倾角、磁场强度和磁层特征，证实环系存在。检测到六个新卫星，观测到海卫一的火山现象，确认海卫一是地球和木卫一之外第三个有火山活动的太阳系天体，还修订了有关行星质量、自转周期等基本参数。

太 阳

太阳系的中心天体。太阳系的八行星和其他天体都围绕它运动。天文学中常以符号⊙表示。它是银河系中一颗普通恒星，位于距银心约 10 千秒差距的旋臂内，银道面以北约 8 秒差距处。它一方面与旋臂中的恒星一起绕银心运动，另一方面又相对于它周围的恒星所规定的本地静止标准（银经 56°，银纬 +23°）作每秒 19.7 千米的本动。

基本参数 太阳与地球的距离可用多种方法测定。最简单的方法是测定太阳视差，就是地球半径在太阳处的张角（约为 8″.8），然后由三角关系推算。更精确的是用雷达方法测定地球与金星的距离，再由开普勒第三定律推算。测量结果表明，日地平均距离（地球轨道半长轴）A 为 1.496×10^8 千米，其周

年变化约为 1.5%，每年 1 月地球在近日点时为 1.471×10^8 千米，7 月在远日点时为 1.521×10^8 千米。光线从太阳到达地球需时约 500 秒。当观测者在日地平均距离处注视太阳时，视向张角 1″ 对应于日面上 725.3 千米。

在日地平均距离处测定太阳的角半径为 16′，因而可算得太阳半径 R 为 6.963×10^5 千米，或约为 70 万千米，即为地球半径的 109 倍左右。太阳体积则是地球体积的 130 万倍。另一方面，由开普勒第三定律可算得太阳质量 M 为 1.989×10^{30} 千克。太阳的平均密度 ρ 为 1.408 克 / 厘米³。

太阳的总辐射功率可通过直接测量确定。根据"太阳极大年使者"人造卫星（SMM）上辐射仪的测量结果，在日地平均距离处、地球大气外垂直于太阳光束的单位面积上、单位时间内接收到的太阳辐射能量 S 为 1367 瓦 / 米²，这个数值称为太阳常数。这样整个太阳的总辐射功率为：

$$L = 4\pi A^2 S = 3.845 \times 10^{26} \text{焦／秒}$$

单位太阳表面积的发射率为：

$$a = L/4\pi R^2 = 6.311 \times 10^3 \text{焦／（秒·厘米}^2)$$

太阳上不同区域的温度，原则上可通过观测不同区域的辐射特征来确定，如连续光谱中的能谱分布、谱线轮廓和电离谱线的出现情况等。光谱观测还可得到太阳大气的化学组成、密度、压力、磁场强度、自转和湍流速度等物理参数。

总体构造 由太阳光谱研究推算太阳表面温度约为6000K，而结合理论推算的太阳中心温度高达16×10^6K，在这样的高温条件下，所有物质都已气化，因此太阳实质上是一团炽热的高温气体球。通过观测和理论推算表明，整个太阳球体大致可分为几个物理性质很不相同的层次。除了中心区氢因燃烧损耗较多外，其他各层次在化学组成上无明显差别。其构造如图1所示。

从太阳中心至大约0.25太阳半径的区域称为日核，是太阳的产能区。日核中夜以继日地进行着四个氢原子聚变成一个氦原子的热核反应，反应中损失的质量变成了能量，主要为γ射线光子和少量中微子。约从0.25至0.75太阳半径的区域称为太阳中层。来自日核的γ射线光子通过这一层时不断与物质相互作用，即物质吸收波长较短的光子后再发射出波长较长的光子。虽然光子的波长不断变长，但总的能量无损失地向外传播。区域的温度由底部的8×10^6K下降到顶部的5×10^5K；密度由10^{-2}克／厘米^{3}下降到4×10^{-7}克／厘米^3。从0.75太阳半径至太阳表面附近是太阳对流层，其中存在着热气团上升和冷气团下降的对流运动。产生对流的主要原因是温度随高度变化引起氢原子的电离和复合。

对流层上方是一个很薄然而非常重要的气层，称光球层或光球。当用肉眼观察太阳时，看到的明亮日轮就是太阳光球。光球的厚度不过500千米，但却发射出远比其他气层强烈的可见光辐射。太阳在可见光波段的辐射几乎全部是由光球层发射出去的。因此当用肉眼观察太阳时，它就非常醒目地呈现在面前，这就是把它称为光球的原因。太阳半径和太阳表面都是按光球外边界来定义的。光球外面是较厚和外缘参差不齐的气层，称色球层或色球，其厚度在 2000 ～ 7000 千米之间。高度在 1500 千米以下的色球比较均匀，1500 千米以上则由所谓针状体构成。色球的密度从底部向上迅速下降，但其温度却从底部的几千度随高度迅速增加了近 3 个量级。色球上面是一个更稀薄但温度更高而且延伸范围更大的气层，称为日冕。日冕的温度高达百万度。日冕的形状很不规则，而且无明显界限。实际上距日心几个太阳半径以外的日冕物质是向外膨胀的，形成所谓太阳风，可延伸到太阳系边缘。

太阳光球、色球和日冕合称太阳大气，可通过观测它们的辐射特征，并结合理论分析来推测它们的物理构造。日核、中层和对流层则合称太阳内部或太阳本体，它们的辐射被太阳本身吸收，因而不能直接观测到它们，其物理构造主要依靠理论推测。

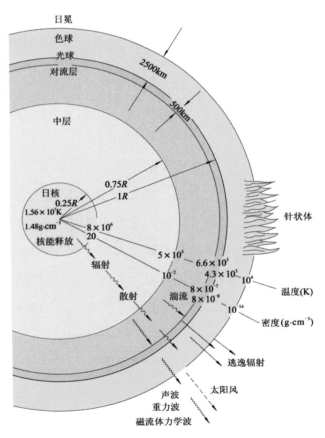

图 1　太阳球体分层结构

活动现象　太阳基本上是一颗球对称的稳定恒星。然而大量观测表明，太阳在稳定和均匀地向四面八方发出辐射的同时，它的大气中的一些局部区域，有时还会发生一些存在时间比较短暂的"事件"。如在太阳光球中，可观测到许多比周围背景明显暗黑的斑点状小区域（称为太阳黑子）和比背景明亮的浮云状小区域（称为光斑）；色球中也可经常观测到比周围明亮的大片区域（称为谱斑）和突出于太阳边缘之外的奇形怪状的太阳火焰（称为日珥）；日冕中也可观测到许多明显的不均匀结构。特别是在色球和日冕的大气层中，偶尔还会发生表明有巨大能量释放的太阳爆发现象（称为耀斑）。上述现象不仅存在的时间比较短暂和不断变化，而且往往集中在太阳黑子附近的太阳大气的局部区域（这些局部区域称为太阳活动区）。同时，这些现象发生的过程中，尤其是发生太阳耀斑期间，从这些区域发射出增强的电磁波辐射和高能粒子流，特别

是在 X 射线、紫外线和射电波段出现非常强的附加辐射，以及能量范围在 $10^3 \sim 10^9$ 电子伏的带电粒子流（主要为质子和电子）。通常把太阳上所有这些在时间和空间上的局部化现象，及其所表现出的各种辐射增强，统称为太阳活动。与此对应，把不包含这些现象的理想太阳，即时间上稳定、空间上球对称和均匀辐射的太阳，称为宁静太阳。

宁静太阳的物理性质在空间上只随日心距变化，在同一半径的球层中物理性质是相同的；在时间上几乎是不变的，其变化时标为太阳演化时标，即大于 10^7 年。这样就可把真实的太阳看作是以宁静太阳为主体并附加有太阳活动现象的实体。换句话说，可把宁静太阳看作是真实太阳的基本框架，而把太阳活动看作是对宁静太阳的扰动。

太阳活动现象中，一次耀斑过程的持续时间只有几分钟至几小时，一个活动区的寿命约为几天至几个月。同时，整个太阳大气中所

发生的太阳活动现象的多寡，还表现出平均长度约为 11 年的周期（称为太阳活动周），也可能存在更长的周期。因此太阳活动的时标可认为从几分钟至几十年。太阳活动区本质上是太阳大气中的局部强磁场区，而各种活动现象则是磁场与太阳等离子体物质的相互作用结果。

应当指出，太阳活动所涉及的能量大小与整个太阳的总辐射能相比，仍然是微不足道的，如一次大耀斑释放的能量估计为 4×10^{25} 焦，若其持续时间为 1 小时，则其辐射功率为 10^{22} 焦 / 秒，与太阳的总辐射功率 3.845×10^{26} 焦 / 秒相比是可忽略的。因此存在太阳活动现象丝毫无损于把太阳视为一颗稳定的恒星。大功率的稳定的辐射加上小功率的周期性的太阳活动，这就是现阶段太阳的主要特征。

各种辐射　广义的太阳辐射包括向外发射的电磁波、太阳风、中微子、偶发性高能粒子流，以及声波、重力波和磁流波。其中电磁波辐射来自太阳大气。太阳风就是从日冕区连续外发射的等离子体，主要是质子和电子。太阳中微子是由日核中的核反应产生的，它们几乎不与太阳物质相互作用，而是直接从太阳内部向外逃逸。偶发性高能粒子流是当太阳大气中发生耀斑、爆发日珥和日冕物质抛射等剧烈太阳活动现象时产生的，这些粒子流不一定是等离子体，往往是质子或电子占优势。声波、重力波和磁流波主要是由太阳对流层中猛烈的气团运动激发并与磁场耦合产生的。太阳在上述各种形式的能流中，电磁波的能流远远超过其他形式的能流。如太阳风的发射功率约比电磁波小 6 个数量级，其他能流就小得更多。这样从能量的角度看来，电磁波以外的其他能流是可忽略的。因此若无特殊说明，通常都把太阳辐射理解为太阳电磁波辐射。

太阳电磁波辐射的波长范围从 γ 射线、X 射线、远紫外、紫外、可见光、红外，直到射电波段。但由于地球大气的吸收，能够到达地面的太阳辐射只有可见光区、红外区的一些透明窗口和射电波段。太阳的紫外、远紫外、X射线和γ射线只能进行高空探测。

太阳电磁波辐射的主要功率集中在可见光区和红外区，分别占太阳总辐射能量的41%和52%。极大辐射强度对应的波长为495纳米，在黄绿光区。紫外线所占的能量比重仅为7%。而太阳无线电波段以及远紫外、X射线和γ射线所占的能量比重是可忽略的。粗略地说，太阳紫外线、可见光和红外波段的辐射是由光球发射的，而远紫外、X射线、γ射线和射电波段则来自太阳高层大气（色球和日冕）。

形成和演化　太阳的演化途径主要取决于它的能源变化。太阳是一颗典型的主序星，关于主序星的产生及其演化过程，天文学家已作了大量研究，并已得到比较一致的看法。根据这些研究结果，太阳的一生大体上可分为五个阶段。

①主序星前阶段。包括太阳在内的所有主序星都是由密度稀薄而体积庞大的原始星云演变来的。当星云的质量足够大时，在自身的引力作用下，星云中的气体物质将向星云的质量中心下落，其宏观表现就是星云收缩。这个过程的实质就是物质的位能变成动能。结果是星云中心区的密度和温度逐渐增大，并最终使其达到氢原子核聚变所需的密度和温度，这样便发生氢变成氦的核反应，它所释放的辐射压力与引力平衡，使星云不再收缩，形成为一颗恒星。这个阶段经历的时

a 主星序前收缩
(3×10^7年)

b 主星序,中心氢燃烧
(8×10^9年)

c 红巨星,外层氢燃烧
(4×10^8年)

d 中心氦和外层氢燃烧
(5×10^7年)

e 白矮星(5×10^9年)

图2　太阳的形成和演化

间大约只需 3000 万年。

②主序星阶段。以氢燃烧为能源，标志着太阳进入主序星阶段。由于太阳的氢含量很大，能源非常稳定，从而太阳的状态也非常稳定。因此这个阶段相当于太阳的青壮年时期。太阳已经在这个阶段经历了 46 亿年，这就是太阳的年龄（主序星前的 3000 万年可忽略）。根据理论推算，太阳还将在这个阶段稳定地"生活"34 亿年，然后进入动荡的晚年时期。

③红巨星阶段。日核中的氢耗尽之后，包围日核的气体壳层里面的氢开始燃烧，壳层上面的气体温度上升，结果使太阳大规模膨胀。由于太阳光度的增大不如表面积增大快，单位表面积的发射功率下降，辐射波长移向红区，使太阳变成了一颗巨大的暗红恒星，即红巨星。太阳在红巨星阶段经历的时间大约是 4 亿年。

④氦燃烧阶段。当太阳中心氢耗尽并变成原子量较大的氦之后，中心部分又开始收缩，密度和温度继续增大。当温度达到 10^8K 时，氦核开始聚变燃烧。与此同时，外面氢烧燃层的半径继续增大，但燃烧层的厚度却不断减少。中心氦和壳层氢耗尽后，接着就是壳层氦燃烧。太阳的氦耗尽之后，还可能经历几个更重元素的燃烧期。不过由于其他元素含量很少，这些时期均非常短暂。整个氦燃烧阶段的时间也只有 5000 万年，其他元素的燃烧时间则更短。

⑤白矮星阶段。当太阳的主要燃料氢和氦耗尽之后，体积进一步缩小，它的半径可缩小到只有目前太阳半径的 1%，而密度大约是现在的 100 万倍。这时太阳的光度只有目前太阳的 1% ～ 1‰，成为一颗很小的高密度暗弱恒星，即白矮星。太阳在白矮星阶段大约经历 50 亿年之后，它的剩余热量也扩散干净，终于变成一颗不发光的恒星——黑矮星。

根据理论推测的太阳演化过程中不同阶段的基本特征，如红巨星和白矮星等，均能在众多的恒星世界中找到实例，因此通常认为这种推测是可信的。

月 球

地球唯一的天然卫星。也是离地球最近的天体。又称"月亮"，古称"太阴"。

基本天文参数和运动特征 半径 1740 千米，约为地球的 27%。体积为地球的 1/49。表面积相当于地球的 1/14，略小于亚洲面积。质量为地球的 1/81。平均密度 3.34 克/厘米^3，相当于地球的 3/5。赤道表面重力加速度 1.62 米/秒^2，只及地球的 1/6。表面逃逸速度 2.4 千米/秒，约为地球的 21%。地月之间平均距离为 384 400 千米，约为地球直径的 30 倍，与地球构成太阳系中独特的地月系。从地球上看月球，视圆面直径的平均值为 31

角分，和太阳的视圆面大小相当。为既能形成日全食，也能实现日环食提供了必要的条件。虽然月球的反照率只有 0.12，比地球的 0.37 小了许多，只因离地球近，使之成为地球夜空中最亮的天体。满月时的视亮度为 −12.7 星等，比金星最亮时还亮 2000 倍。月球轨道偏心率 e 为 0.055，比地球轨道偏心率 0.017 大许多，从而形成地月之间距离的变化幅度是：近日距 356 400 千米，远日距 406 700 千米，二者之比约为 88/100。月球在近日点附近时出现的日食可以是日全食，而在远地点附近时则多为日环食。

月球轨道和地球轨道的倾角平

月球正面

均为 5.15°，这就是被称为"白道"的月球在天球上的运行轨迹与太阳在天球上的运行轨迹"黄道"的交角。月球赤道和它公转轨道的倾角为 6.67°。月球以逆时针方向绕距离地球中心 4671 千米处的地月系重心的运转周期平均为 27.321 66 日，称为"恒星月"。在月球绕行的同时，地球也以逆时针方向绕日运行了一段行程，因此以太阳为基准的运行周期平均为 29.530 59 日，称为"朔望月"。以黄道和白道的交角为基准的运行周期是 27.212 22 日，称为"交点月"。以近地点为基准的运行周期是 27.554 55 日，称为"近点月"。而以春分点为基准的运行周期是 27.321 58 日，则称为"分点月"。月球的轨道运行速度平均是 10.1 千米 / 秒，只及地球轨道速度的 1/3。月球以逆时针方向自转。自转周期是 27.321 66 日，长度与公转周期相同，形成了月球总是以同一个半球朝向地球的天象。月球自转和公转的同步周期现象在太阳系天然卫星中是唯一

的。月球赤道和地球轨道的倾角很小，只有 1.52°，所以月球上几乎没有季节现象。由于自转速度和轨道速度的不均匀性，以及月球赤道和公转轨道倾角的存在等因素，致使地球上的观测者能看出月面边缘的前后摆动，因而能看到的月球表面达 59%。这一天象称为"天平动"。

月球没有大气，也没有液态水。月面上白天温度可达 120℃，夜间则降至 -180℃。月球没有可探测的磁场。

天文学史上的月球研究　月球是除太阳外与地球和人类关系最为密切的天体。地球上的潮汐现象是太阳和月球以及太阳系其他天体的引力作用结果。月球的质量虽然只及太阳质量的二千七百万分之一，但月地距离却只有日地距离的 1/400，所以月球的起潮力是太阳的 2.2 倍。可以说正是由于有了月球才有潮起潮落的周而复始和大潮小潮的互相交替。还有由于月球的存在，才会有日食和月食的天象。

在地球上，月球是唯一用肉眼能够观察到盈亏和月相逐日变化的天体。月相变化的顺序是朔月、蛾眉月、上弦月、盈月、满月、亏月、下弦月和残月。自古以来，月相变化的周期称为朔望月，为一种基本计时单位，中国称之为"月"。凡只以月相周期安排的历法称为"太阴历"。中国传统历法是兼顾月相周期和太阳周年运动的阴阳历，所以朔望月始终是古历的基础。远古遗存的"古四分历"中的朔望月周期长度和今日通用值相比，误差为 +0.000 26 日。179—184 年东汉刘洪的"乾象历"中的误差是 –0.000 05 日。到 463 年南北朝祖冲之的"大明历"已采用了与今日通用值精度相同的朔望月日长。早在西汉"淮南子"中刊载的恒星月的长度和今日通用值的差值仅为 +0.000 19 日。祖冲之推算出的交点月周期已与今日通用值相当接近。刘洪测定的近点月与现代值仅差 +0.000 21 日。

望远镜发明后，天文学家开始绘制和拍摄月面图，按地形地貌的结构和特征分别冠以"环形山""湖""海""山""山脉""洋""沼""岬""溪""峭壁""湾""谷"等。随着天体物理学的兴起，最终证明月球表面没有任何液态的水，湖、海、洋、沼、溪、湾等与水有关的名称其实全都名不副实。

从 18 世纪末到 20 世纪初，经过几代天文学家的努力，如 P.-S. 拉普拉斯、C.-E. 德洛内、P.A. 汉森、J.C. 亚当斯、S. 纽康、G.W. 希尔、F.F. 蒂色朗、H. 庞加莱、E.W. 布朗等，运用日益完善的天体力学方法，建立了成熟的月球运动理论，能够精确地描述月球的运动细节。

月球的空间探测 月球是人类首先实现就近考察和就地勘测的天体，也是人类第一个登临的天体。人造地球卫星于 1957 年上天两年之后，苏联空间探测器"月球"3 号在 1959 年飞掠月球，并发送回月球背面的照片，展示了人类从未得见的月球背面图像。1966

年"月球"9号第一次实现月面软着陆。1967年美国"月球轨道环行者"4号实施了环极区飞行和照相观察。随后，美国"勘测者"1号、5号和6号于1966—1968年期间先后成功地软着陆。苏联"月球车"1号和2号分别在1970年和1973年在月面漫游10～40千米。此外，"月球"16号、20号和24号于1970—1976年内，采集并送回月岩样本。美国20世纪60年代开始实施"阿波罗"探月计划。1969—1972年"阿波罗"11号、12号、14号、15号、16号和17号共6批，计12人次实现人登月。宇航员们就地考察和勘测，采集总计达400千克的月球样本，安放月震仪等自动记录和发送科考数据的仪器，为月球的探测树立了新的里程碑，使人类对月球的地质、地理、物理、化学、内部结构等的知识，达到与地球的类似的水平和深度。根据月岩样本的分析和放射性元素纪年，确认月球几乎和地球同时诞生于45.5亿年前。过了2亿年层化出月壳、月幔和很小的月核。随后的5亿年间，历经了内太阳系中残存的微星天体的强烈轰击和碰撞，形成了直径几百千米、深几十千米的环形山形的陨击坑以及其他诸如"山""山脉""岬""谷"等月面结构。与此同时，月球背面则更多地保留了40亿年前的高地地貌。在此阶段月球内部缓慢地累积放射性衰变产生的热量。距今30亿～40亿年前，熔融的月幔物质溢出月壳，形成月面平原，即月

人类第一次登临月球的足迹

"海"。月球背面缺少月"海"的现象，可能是由于背面的月壳厚度比正面的厚约1倍的结果。月岩的组成虽和地球的近似，但富钙且易挥发元素少，几乎没有氢和钾。最近30亿年内月球内部活动稀少，外在的陨击也减少。寂静的表面堆积的微陨星尘层厚达5～10米。

20世纪70年代之后，太阳系的空间探测转向其他目标，直到1994年美国"克莱门汀"这个主要用于军事目的的探测器发现月球极区有水蕴藏的迹象，从而又重引发了新的月球探测。1998年美国"月球勘测者"实施环月极区运行，利用γ射线/中子波谱仪检测到有氢的存在迹象，为最终查明极区藏水提供依据。2003年9月欧洲空间局发射了"智能"1号月球探测器，经过3年的飞行，于2006年9月3日因燃料耗尽，以几乎与月面平行的方向撞击地球，完成了它的探月使命。

月球起源新说　在20世纪70年代之前，关于月球的起源主要有三种理论，即"俘获说"、"同源说"和"分裂说"。俘获说认为月球原为一个小行星，后因运行到地球附近被俘获。同源说认为地球和月球同时同地诞生于原始太阳星云。分裂说则认为月球是在太阳系形成之初，从地球中分离出去的。"阿波罗"探月计划执行后，有关月球的知识骤增，揭示出三种假说都有与月球和地月系的现实不相容之处。80年代初，关于月球起源的迷惘出现了重大突破。首先，新兴的混沌动力学指出，太阳系诞生的早期，行星的轨道仅能稳定几百万年，随即因受木星和土星的摄动而快速演变，继而出现频繁的大碰撞事件。其次，运用超大型计算机实现的三维流体力学模拟显示，曾有一个大小和火星近似的天体与形成不久的地球遭遇，发生偏心碰撞。该天体和幼年地球的一部分地幔被反弹到太空，其富铁的内核则融入地核，弹出的碎片又快速地重新聚集成为今日的月球。这一名为"大碰撞"的月球起源假说不仅兼有俘获说、同源说和分裂说的有据而合理之处，还能很好地、更多地阐明诸如月球和地月系的轨道、角动量和运动，成分和结构等的特征。"大碰撞说"正成为当前很有前景的月球起源新说。

磁 暴

整个地球磁层发生的持续十几小时到几十小时的剧烈扰动。磁暴可分为三个发展阶段。磁暴开始时在全球各经度上地磁场水平分量增加，在1至数小时内大体保持不变，叫"磁暴初相"。初相结束后地磁场水平分量突然下降，半小时至数小时内下降到极小值，称为磁暴主相。此后，地磁场水平分量开始回升，称为恢复相。太阳日冕物质抛射事件在行星际空间形成磁云。磁云压缩磁层，造成磁场水平分量明显增加，产生磁暴初相。当地球附近磁云磁场为南向且维持数小时后，太阳风向磁层输入的能量显著增加，等离子体片中的离子受到加速并注入内磁层，环电流增强，产生磁暴主相。行星际磁场恢复北向后，环电流减弱，地磁场逐渐恢复，这就是恢复相。

磁暴是最严重的空间灾害天气。磁暴期间同步高度附近辐射带高能电子通量突增，可引起卫星内部深层充电，导致卫星失效。地磁场的剧烈扰动可使地面高压输电系统和输油管道受到损坏。磁暴还引发电离层暴，导致通信中断。

磁暴机制是磁层物理研究的重要课题。也有发现认为，磁暴强环电流增强主要起因于氧离子（O^+）剧增。氧离子的起源和加速已成为发展磁暴理论的关键问题。

黑 子

太阳光球上经常出没的暗黑斑点，是太阳活动的基本标志。

黑子的观测和形态　关于太阳黑子，中国有世界上最早的观测记录。《淮南子·精神训》有"日中有蹲鸟"的记载。《汉书·五行志》对于公元前28年出现的大黑子记载更详：汉成帝河平元年"三月乙未，日出黄，有黑气大如钱，居日中央"（据考证，"乙未"应为"己未"）。这条记录不仅说明了黑子出现的日期，而且描述了黑子的形状、大小和位置。古代人观察黑子全靠肉眼。1610年开始用望远镜观测黑子。目前常规观测黑子的目视方法：有的在望远镜上装上专门观测太阳用的目镜（赫歇耳目镜）；有的利用投影屏把太阳像投影在白纸上。采用太阳照相仪可经常拍摄

太阳的像，以便精密测定黑子的面积和它们在日面上的移动状况。此外，还可用光电方法和自动记录仪直接测量黑子相对于邻近光球的亮度和黑子内亮度的分布，用分光仪观测黑子的光谱，用磁场测量装置研究黑子的磁场等等。

在太阳表面，黑子好像一个不规则的洞。虽然看起来是暗黑的，但这只是明亮的光球反衬的结果。一个大黑子能发出像满月那么多的光。充分发展的黑子是由较暗的

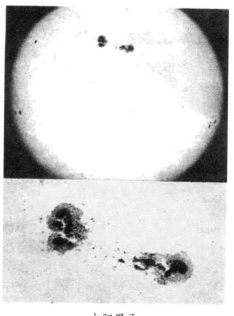

太阳黑子
图为局部放大，可见其本影和半影。

核（本影）和围绕它的较亮的部分（半影）构成的，形状像一个浅碟，中间凹陷约 500 公里。当黑子在日面的东边缘刚刚出现，或在西边缘将要消失时，离日面边缘较远一边的半影宽度比靠近边缘一边的半影宽度缩减得更快些，这就是所谓威尔逊效应。

黑子经常成对或成群出现，复杂的黑子群由几十个大小不等的黑子组成。小黑子的线度约 1000 公里，而大黑子的线度可达 20 万公里。大黑子有复杂的结构，其本影可以有几个，而半影呈旋涡状。有些黑子在分裂之前，出现穿越本影的亮桥。黑子群几乎全部呈椭圆形，其长轴和日面的东西线成一小夹角，随黑子所在的日面纬度的增加略有增大。

在日面上黑子出现的情况不断变化，通常用沃尔夫数（黑子相对数）来表示黑子数随时间的变化。通过对长期观测资料的分析，发现黑子数年平均值的变化周期约为 11 年，同时黑子在日面纬度的分布也以 11 年周期作规律性的变化。

黑子从开始出现到消失，经历一系列发展阶段。黑子初出现时是一个小黑点，有时逐步发展成为四周密布小黑子的极性相反的两个大黑子，形成黑子群。根据黑子群的发展过程，可以分为几个类型。现在广泛采用的是苏黎世天文台提出的分类法。

黑子的物理状态 黑子的光谱与光球类似，但由于黑子的温度较低并有很强的磁场，所以在它的光谱中还有分子光谱带和塞曼谱线分裂，在它的夫琅和费线中，有一些谱线比光球弱，另一些则比光球强。例如氢巴耳末线减弱，而中性钙 CaI λ 4227 线和电离钙 Ca Ⅱ 的 H、K 线却增强了。低电离电位的中性原子谱线在光球中不大出现，而在黑子中却可以看到，如锂、铷和铟的一些谱线。1909 年发现半影夫琅和费线有一定的位移，使谱线轮廓出现不对称。经过测算，这种位移相当于每秒 1 ～ 3 公里的径向速度。因此认为在黑子（主要在半影）里有物质沿着径向运动，在下层有物质流出，而在上层则流入，即所谓埃费希德效应。在黑子中热能的转移与光球一样，主要是依靠辐射来实现的。通过测量黑子的总辐射强度 $I(\theta,0)_0$ 与宁静光球的相应值 $I(\theta,0)_P$，根据斯忒藩定律可算出黑子的有效温度 $(T_E)_s$：

$$\frac{I(\theta,0)_S}{I(\theta,0)_P}=\left[\frac{(T_E)_S}{(T_E)_P}\right]^4$$

式中 θ 为总辐射强度与法线所成的角度，0 表示光球边界的光学厚度，$(T_E)_P$ 为光球的有效温度。当取 $(T_E)_P$ 为 6050K 时，本影的有效温度约为 4240K，而半影则为5680K。此外，还可利用生长曲线方法来确定黑子的激发温度，当取光球的激发温度为 5040K 时，黑子的激发温度只有 3900K。

黑子和光球都处于局部热动平衡状态，利用萨哈公式或生长曲线方法可求出黑子的电子压力约为光球内的 1/40 ～ 1/25，即约为 0.64 达因 / 厘米 ^{2}，黑子内总压力约

为 8×10^4 达因 / 厘米 ^{2}。

黑子的模型，即温度和压力等物理参数随深度的变化，可采用与求光球模型的类似方法得出。表列出的是综合不同学者所得结果的平滑本影模型，其中 τ_{5000} 表示对应于波长 5000 埃的光学厚度，P_e 为电子压力，P_g 为总压力（二者单位均为达因 / 厘米 ^{2}），T 为温度（K）。

黑子本影模型

τ_{5000}	0.001	0.001	0.01	0.1	1	10
T	3 200	3 200	3 340	3 720	4 150	5 400
lgP_e	-2.1	-1.5	-0.95	-0.22	0.47	1.6
lgP_g	3.2	3.80	4.38	4.95	5.41	5.9

黑子的磁场和精细结构 1908年，海耳等首先根据光谱线的塞曼效应对黑子的磁场进行测量。由于在磁场中谱线的裂距 $\Delta\lambda$ 与磁场强度 H 成正比，因此通过测量 $\Delta\lambda$，利用塞曼公式便可求出磁场强度。测量结果表明，黑子的磁场强度与其面积有关，小黑子的磁场强度约 1000 高斯，而大黑子可达3000 ～ 4000 高斯，甚至更高。

黑子磁场不是均匀的，其强度由中心向边缘减小。对于一个单极黑子，磁场的分布大致为：

$$H（r）=H（0）（1+r^2）^2$$

式中 H（0）为黑子中心场强，H（r）为离黑子中心 r（以黑子半径为单位）处的场强。在本影中心，磁力线走向大致沿着太阳半径的方向，而在本影边缘，磁力线与径向成一倾角，到了半影边缘磁力线大致与太阳表面平行。

近年来对黑子进行高分辨率观测，发现黑子内存在精细结构。首先表现为黑子内磁力线随深度有很强的扭转和旋涡结构。其次是在暗黑的本影里观测到异常的活动，即存在本影点，其亮度与光球差不多，直径约 200 公里，寿命约 25 ～ 60 分钟。目前关于本影点的性质仍在研究中，可能是磁流体力学波能流通过本影时发生的现象。在本影里还观测到另一种活动现象，即本影闪耀。用 Ca II 的 H、K 线单色光观测，本影闪耀是一种小而亮的移动结，寿命只有 50 秒，

直径达到 2000 公里，以平均每秒 40 公里的速度向半影移动。有研究认为它们是由本影较低层向上传播的磁声波所产生。所有这些事实说明，用一个散开的磁力线"束"来表示黑子磁场结构的简单模型已不大符合新的观测结果。

耀 斑

太阳大气（很可能在色球—日冕过渡层）中一种不稳定过程，在短暂的时间（约 $10^2 \sim 10^3$ 秒）内释放大量能量（$10^{30} \sim 10^{33}$ 尔格），引起局部区域瞬时加热和各种电磁辐射和粒子辐射（质子、电子、中子等）的突然增强。最初是指用单色光观测到的色球的 Hα 单色辐射突然增强现象，因此又称色球爆发。左图是耀斑的照片。右图是耀斑电磁辐射综合图，图示各种波段辐射源的高度分布。

耀斑的光学现象　除少数例

外，在白光中并不能观测到耀斑。在可见光波段，耀斑的辐射增强主要是在某些谱线上，其中以氢的 Hα 线和电离钙的 H、K 线最为突出。大多数耀斑的光学数据是用一个透过波带位于 Hα 中心的窄带滤光器（$\Delta\lambda \approx 0.5$ 埃）得到的。耀斑多半是原有的某些谱斑区在几秒到几分钟的时间内突然增亮。色球耀斑中最亮区的 Hα 线宽度和强度快速增加的阶段称为闪光相，许多高能过程常在这时发生。有的耀斑中会出现一些特别明亮的耀斑核，其直径为 3000 ～ 6000 公里，在太

1972 年 8 月 7 日的耀斑

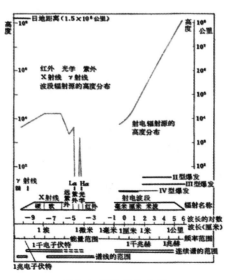

耀斑电磁辐射综合图

阳硬 X 射线爆发前约 20 ～ 30 秒开始增亮，而在硬 X 射线爆发开始后 20 ～ 25 秒亮度达到极大值，持续时间比 X 射线爆发长二倍。耀斑核是在高能电子穿透色球时产生的。

一般把增亮面积超过 3 亿平方公里的称为耀斑，不到 3 亿平方公里的称为亚耀斑。耀斑分为四级，分别以 1、2、3、4 表示，在耀斑级别后加 f、n、b 分别表示该耀斑在 Hα 线中极大亮度是弱的，普通的，还是强的。所以最大最亮的耀斑是 4b，最小最暗的是 1f。一年中大耀斑出现的频数随其在 11 年周期中的位置和活动周大小有很大不同。在 1957—1958 年太阳活动极大年时，一年中出现的超过 3 级的大耀斑有 20 ～ 30 个。而在上个极大年仅 7 ～ 8 个。

耀斑亮区在日面上有膨胀、缓慢漂移的现象，最常见的是暗条两侧产生的两条亮带以每秒约 10 公里的速度向外膨胀。耀斑往往产生于纵向磁场中性线两侧。并且总是产生在活动区磁场结构复杂且快速变化的区域，特别是在磁场极性相反的区域。

耀斑辐射的主要形式是发射线，而连续辐射是罕见的。在 3400 ～ 6600 埃波段内中等强度以上的耀斑谱线约为 90 条。虽然日面耀斑亮度相差很大，但是它的光谱特性却不因亮度不同而产生重大差异。耀斑光谱的特点如下：依一定时间顺序出现发射线或吸收线：先是低项的几条巴耳末线和 Ca II 的 H、K 线线心强度增加，同时原宁静日面上看不见的氦 D_3 线呈现为吸收线。接着巴耳末线翼加宽，并可见到高项巴耳末线和金属线的发射线，D_3 线吸收减弱。然后巴耳末线强度继续增加，线翼进一步加宽，D_3 线转变为发射线。通常日面耀斑的氢巴耳末线非常宽，金属线很窄。耀斑光谱的另一特点是耀斑发射线形状不对称。谱线中心位置不变，一翼变强，一翼变弱。通常在耀斑一开始时蓝翼较强，几分钟之后蓝翼减弱，红翼变得较强。日面耀斑的电子密度一般

为每立方厘米 10^{13} 个，边缘耀斑的电子密度有随高度增加而下降的趋势，其数值比日面耀斑要小一个量级。从氢线得出的电子温度为 $7000 \sim 10\,000$K，而从中性氦线得出的温度则为 $15\,000 \sim 20\,000$K。分析远紫外谱线得出的温度可达 $24\,000 \sim 1\,000\,000$K，这是过渡层的温度值，与耀斑的高温部分相对应。光谱分析推算出的耀斑色球部分几何厚度仅 $10 \sim 250$ 公里，和横向尺度相比，显出色球耀斑应是一个薄壳结构。

关于色球耀斑形成的机理，有研究认为它是色球－日冕不稳定性的次级效应。耀斑爆发后能量以热传导、高能粒子流或力学方式（物质下沉、激波）向下传递给色球，导致各种色球耀斑现象。与耀斑有关的色球、日冕中的光学现象很多，主要有：耀斑前暗条激活、耀斑波（莫尔顿波）、冲浪、喷焰、爆发日珥和环状日珥等。

耀斑的 X 射线、远紫外线和射电辐射现象　随着射电天文学和航天技术的发展，观测耀斑的范围扩展到射电、紫外线、X 射线、γ射线等波段。与耀斑有关的各种电磁辐射的爆发都产生在日冕或日冕－色球过渡层里，温度高达 $10^5 \sim 10^7$K，常称为耀斑的高温部分。而耀斑的色球光学现象产生在色球或光球上层，温度较低，称为耀斑的低温部分。

太阳 X 射线爆发和紫外线爆发　太阳的软 X 射线爆发是热辐射或准热辐射爆发，绝大部分耀斑都伴随这种热辐射爆发。硬 X 射线爆发是脉冲式的非热辐射爆发。仅少数耀斑才伴随硬 X 射线爆发，所以耀斑的基本性质是热辐射性的。紫外线爆发常和硬 X 射线爆发、脉冲微波爆发一起出现，时间轮廓彼此相符。这三种电磁辐射都是非热辐射性的，是粒子被加速到能量小于兆电子伏时在日冕和日冕－色球过渡层形成的。

射电爆发　分为脉冲微波爆发、Ⅳ型爆发、Ⅱ型爆发、Ⅲ型爆发。Ⅳ型爆发常和大耀斑有关，Ⅱ

型爆发都同质子耀斑有关。统计研究发现硬 X 射线爆发和微波爆发到达峰值后约两分钟才出现 Ⅱ 型爆发，这表明高能质子加速过程仅在少数耀斑中发生。Ⅲ 型爆发大部分与耀斑无关，是另一类粒子－波交互作用过程引起的。但有的大耀斑也伴随有 Ⅲ 型爆发。很可能是：弱 Ⅲ 型爆发发生在日冕高层，和耀斑无关；而强 Ⅲ 型爆发发生在日冕低层，和耀斑有关。

粒子辐射 太阳高能粒子分为两类：第一类是持久性粒子辐射，与某种活动区经过日面有关。活动区从日面东边缘出现后的第二天起，直至转出西边缘后 40° 都辐射粒子。这种质子流是低能的（≈ 1 兆电子伏）。第二类是与耀斑有关的偶发性粒子事件，分为延迟事件和即刻事件；后者很明显地与耀斑有关，它又分为质子、电子和中子事件。质子和电子事件是耀斑的粒子加速过程中产生的，而中子则联系到耀斑的核反应。

耀斑中的核反应、中子和 γ射线 产生核反应需要高能粒子（能量 E>1 兆电子伏）轰击原子核，所以这种现象和白光耀斑一样是非常稀罕的。许多人试图直接探测太阳中子但都没有成功。从大耀斑发生后测得的质子总流中估计中子通量为每平方厘米每秒 10 ～ 70 个。耀斑中的核反应如下：高能质子同氢、氦、碳、氮、氧作用产生中子，其中大部分逃逸，一部分为质子俘获产生氘核和 2.23 兆电子伏的 γ 射线谱线。高能质子同 ^{14}N 或 α 粒子同 ^{12}C 作用产生正电子，一部分正电子缓慢降落在光球里同电子作用产生 0.511 兆电子伏的 γ 射线谱线。高能质子或 α 粒子同含量丰富的元素作用产生激发态的同位素，这种激发态核回到基态就发出 γ 射线谱线，如 4.43 兆电子伏（^{12}C）和 6.14 兆电子伏（^{16}O）的谱线。这四条 γ 射线谱线已在 1972 年 8 月 4 日大耀斑发生时观测到，从而间接证明了中子和核反应的存在。

耀斑的地球物理效应是多种多

样的，主要有软 X 射线爆发引起的突然电离层骚扰和太阳耀斑地磁效应，耀斑波引起的行星际激波，行星际激波引起的急始磁暴，粒子流引起的磁暴、极盖吸收效应、极光等。

耀斑的理论模型要说明：耀斑的能源、能量储存、能量在短时间（10分钟）内释放（触发机制）、能量引起各种热的和非热的现象。耀斑理论按磁场是起积极的或消极的作用而分为两类。前者有佩茨切克、斯特罗克、瑟罗瓦茨基等的中性片（即电流片）模型，阿尔文电路中断模型。后者有皮丁顿波动模型、埃利奥特粒子贮藏模型、卡勒和克雷普林热致耀斑模型等。

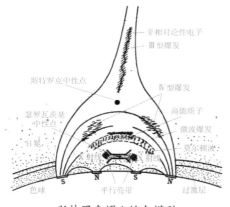

斯特罗克耀斑综合模型

黄　道

地球绕太阳公转的轨道平面与天球相交的大圆。由于地球的公转运动受到其他行星和月球等天体的引力作用，黄道面在空间的位置产生不规则的连续变化。但在变化过程中，瞬时轨道平面总是通过太阳中心。这种变化可以用一种很缓慢的长期运动再迭加一些短周期变化来表示。鉴于运动变化的复杂性，在天文学的一些工作中还需要使用黄道的严格定义：在任一瞬间，只考虑长期运动的轨道平面称为瞬时平均轨道平面，这一平面与天球相交的大圆称为黄道。从地球中心来看，黄道很接近于太阳在恒星中的视周年路径。只有应用精密的天文仪器，才能察觉黄道与太阳视周年路径的差别。黄道是天球上黄道坐标系的基圈。

赤道

通过地心，垂直于地轴的平面与地球表面的交线。又称地理赤道、大地赤道。它将地球分为南半球和北半球，与地球南北两极距离相等，并成为划分纬度的基准。换句话说，赤道的纬度是0°。在天文学上，延伸地球赤道面与天球相交的大圆，称为"天球赤道"，又称"天赤道"。它与天球两极距离相等。当太阳位于天球赤道平面时，昼夜在任何地方都是等长的，这就是每年出现两次的平分点（春分点和秋分点）。

光年

量度天体距离的单位。缩写为l.y.。1光年等于光在真空中1年所走的距离。真空中光速为299 792.458千米/秒。1光年约等于94 605亿千米，或63 240天文单位，或0.307秒差距。以光年作单位通常用来量度宇宙中较大的距离尺度，并可表示光跨越该距离所需的时间。离太阳最近的恒星——半人马座比邻星到太阳的距离为4.22光年，银河系的银盘直径约为10万光年。

大气折射

由于大气密度不均匀，致使电磁波在大气中传播时路径发生屈折的现象。大气折射率和空气密度成正比，一般随高度增加而变小。大气折射可分为天文折射和地球折射两类。

天文折射　来自地球大气以外某目标的光线在大气中的屈折现象。在上稀下密的地球大气层中，天体发出的光因大气折射率的变化而逐渐弯曲，致使观测到的天体位置比实际高。由于地球大气层的天文折射而使天体位置偏向天顶方向的现象，又称蒙气差，最大可达半度左右。

地球折射　来自大气中某目标的光线的屈折现象。由于地球折射，人们从高处远眺时，看到的地平线比实际高一些和远一些。地球

折射也是产生海市蜃楼的原因。大气密度随高度的变化比水平不均匀性显著得多。一般可将密度不同的大气层视为与地球同心的均匀的球面分层介质，即沿着地球表面按不同高度分层，在每一薄层中的大气是均匀的，光线从一薄层进入另一薄层时，因折射率不同，光路发生屈折。设距离地心为 r 处的球面层大气，折射率为 n，则天顶角为 i 的光线通过此球面层时，路径轨迹由折射定律 nrsini= 常数求得。当天顶角不太大时，大气可用平面分层来处理，此时的光路轨迹可简化为 nrsini= 常数。当天顶角较大，即光路接近地平时，则要考虑地球

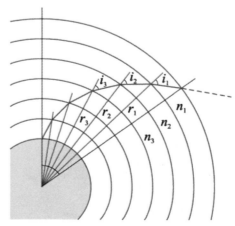

大气折射产生蒙气差示意图

曲率的作用。

由于大气折射使观测目标产生误差，所以在天体测量和大地测量中都要进行大气折射订正；在光学测速、测距的精度要求很高的情况下，大气折射订正也不可少。此外，由于大气折射率与大气温度、湿度、压力等参数有关，而这些参数随时间变化，引起大气折射率的脉动，使光路有不规则的起伏，可造成远方目标景象的颤动。利用颤动的情况可以推测大气湍流状况。

时　差

真太阳时与平太阳时的时刻之差。产生时差的原因是地球绕太阳运动的轨道为椭圆形，这就使真太阳在天球上的视运动速度不均匀（或真太阳时是不均匀的）；地球轨道面和地球赤道面之间存在倾角。由真太阳时求平太阳时，或由平太阳时反求真太阳时，须加时差改正。时差 η 的定义可以写作：

η ＝ 真太阳时 － 平太阳时

以前也有人把时差规定为平太阳时减真太阳时。时差 η 与观测者在地球上的位置无关，只与观测日期有关。

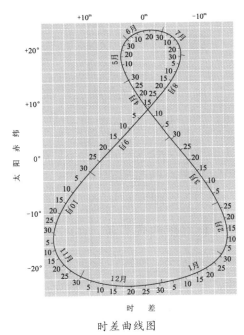

时差曲线图

不同观测日期的时差

日期	2月12日左右	5月15日左右	7月26日左右	11月3日左右
η	$-14^{\mathrm{m}}.4$	$+3^{\mathrm{m}}.8$	$-6^{\mathrm{m}}.3$	$+16^{\mathrm{m}}.4$

时差每年四次等于零，在 4 月 16 日、6 月 15 日、9 月 1 日和 12 月 24 日前后；四次为极值（极大和极小）。

地 方 时

以观测者的子午线为基准的时间。恒星时、真太阳时和平太阳时，都是用天球上某些真实的或假想的参考点的时角来计量的，它们与观测者的子午线有关。地球上位于不同经度的观测者，在同一瞬间测得的参考点的时角是不同的。因此，每个观测者都有自己的与他人不同的时间，称为地方时，它是观测者所在的子午线的时间。

本初子午线　19 世纪，在航海事业蓬勃发展的推动下，许多国家相继建立天文台，进行专门的天文观测来测定时间。它们直接得到

的都是地方时。为了协调时间的计量和确定地理经度，1884 年在华盛顿举行的国际子午线会议决定，采用英国伦敦格林威治（一译格林尼治）天文台（旧址）埃里中星仪所在的子午线作为时间和经度计量的标准参考子午线，称为本初子午线，又称零子午线。从本初子午线开始，分别向东和向西计量地理经度，从 0° 到 180°。

1957 年后，格林威治天文台迁移台址，国际上改用由若干天文测时结果长期稳定性较好的天文台组成的平均天文台作为参考。由这些天文台原来的经度采用值，利用天文测时资料反求各自的经度原点，再对这些经度原点进行统一处理，最后求得平均天文台经度原点。1968 年国际上以国际习用原点作为地极原点，并把通过国际习用原点和平均天文台经度原点的子午线称为本初子午线。

格林威治时间　在格林威治子午线上测得的时间为格林威治地方时间。在采用格林威治子午线为时

间计量的标准参考子午线以后，天文和航海部门便采用格林威治的平正午作为一个平太阳日的开始。这样的选择对于天文和航海部门来说是适宜的，但对于一般人来说并不方便。为此，国际天文学联合会1922年提议，自1925年1月1日起，各国的天文和航海年历采用由平子夜起算的格林威治平太阳时，它与以前由平正午起算的时间相差12小时。国际天文学联合会于1928年决定，将由格林威治平子夜起算的平太阳时称为世界时，这就是通常所说的格林威治时间。

时区和区时　在同一瞬间，位于不同经度的观测者测得的地方平太阳时是不同的，因此需要一个统一标准。19世纪中叶，欧美一些国家开始采用一种全国统一的时间。这种时间多以本国首都或重要商埠的子午线为标准，例如英国采用格林威治时间，法国采用巴黎时间，美国采用华盛顿时间。这种时间在一国之内通用，尚无不便。但是，随着长途铁路运输和远洋航海事业的日益发达，国际交往频繁，各国采用的未经协调的地方时，给人们带来了很多困难。19世纪70年代后期，加拿大铁路工程师弗莱明建议，在全世界按统一标准划分时区，实行分区计时。这个建议首先在美国和加拿大被采纳试行，后为多数国家所采用。1884年华盛顿国际子午线会议决定，将这种按全世界统一的时区系统计量的时间称为区时，又称标准时。

世界时区的划分，是以本初子午线为标准的。从西经7°5到东经7°5（经度间隔为15°）为零时区；从零时区的边界分别向东和向西，每隔经度15°划一个时区，东、西各划出12个时区；东十二时区与西十二时区相重合。全球共划分成24个时区。各时区都以中央经线的地方平时为本区的区时。相邻两时区的区时相差一小时。时区界线原则上按照地理经线划分，但在具体实施中，为了便于使用，往往根据各国的政区界线或自然界线来确定。目前，全世界多数国家都采用以时区为单位的标准时，并与格林威治时间保持相差整小时数。但是，有些国家仍然采用其首都（或适中地点）的地方时为本国的统一时间。这样，这些国家的统一时间与格林威治时间的差数就不是整小时数，例如圭亚那、利比里亚等。还有些国家按照自己的需要，所用的统一时间与格林威治时间相差整半小时数，例如印度、乌拉圭等。

中国幅员辽阔，从西到东横跨东五、东六、东七、东八和东九5个时区。中华人民共和国成立以后，全国采用首都北京所在的东八时区的区时，称为北京时间。北京时间是东经120°经线的地方平太阳时，而不是北京的地方平太阳时。北京的地理经度为东经116°21′，因而北京时间与北京地方平太阳时相差约14.5分。北京时间比格林威治时间（世界时）早8小时，即：

北京时间＝世界时＋8小时。

法定时 在第一次世界大战期间，有些国家为了节约燃料，用法律规定，将其疆域内的统一时间在夏季提前一小时或半小时，到了冬季，又恢复到原来的统一时间。这种在夏季提前的时间称为法定时或夏令时。这种办法后来一直被某些国家和地区沿用下来，例如英国、美国的一些州。夏令时多为中纬度地带的国家所采用，对于低纬度和高纬度地区并不适宜。

日界线 地球自西向东自转，子夜、黎明、中午和黄昏由东向西依次周而复始地在世界各地循环出现。地球上新的一天从哪里开始，到哪里结束？国际上规定在太平洋中靠近180°经线附近划了一条国际日期变更线（简称日界线），地球上每个新日期就从这里开始。此线两侧的日期不同。由东向西过日界线（从美洲到亚洲），日期要增加一天（即略去一天不算）；由西向东过日界线（从亚洲到美洲），日期要减少一天（即日期重复一次）。为了避免在日界线附近的国家或行政区内使用两个日期，日界线不是一条直线，而是一条折线。

地球自转

地球绕自转轴自西向东的转动。地球自转是地球的一种重要运动形式，自转的平均角速度为 7.292×10^{-5} 弧度／秒，在地球赤道上的自转线速度为 465 米／秒。关于地球自转的主要研究内容是：在地球内部和外部的各种因素作用下，地球自转的各种复杂的变化规律。按照运动形态分类，可以对地球自转的变化从三个方面进行研究，即地球自转速度的变化，地球自转轴相对于地球本体的运动和地球自转轴在空间的运动。

自转速度的变化 地球自转是最早用来计量时间的基准，相应的时间单位就是通常的日，这种计量时间的系统称为世界时。20 世纪初以来，天文学的一项重要发现是，确认地球自转速度是不均匀的，从而动摇了以地球自转来计量时间的传统观念，出现了历书时和原子时。到目前为止，人们发现地球自转速度有以下三种变化。

长期减慢 这种变化使日的长度在一个世纪内大约增长 1～2 毫秒，使以地球自转周期为基准所计量的时间，2000 年来累计慢了 2 个多小时。地球自转的长期减慢，可以通过对月球、太阳和行星的观测资料以及古代日月食资料的分析加以确认。从对古珊瑚化石生长线的研究中可以得到地质时期地球自转的情况。例如，人们发现在泥盆纪中期，即 37 000 万年以前，每年有 400 日左右，这与天文论证的地球自转长期减慢的量级是一致的。引起地球自转长期减慢的原因主要是潮汐摩擦作用，致使地球自转角动量逐渐减少，同时使月球远离地球，进而使月球绕地球公转的周期变长。这种潮汐摩擦作用主要发生在浅海地区。另外，海平面和冰川的变化、大气的影响以及地幔和地核之间的角动量交换，也可能会引起地球自转的长期变化，这些问题尚在进一步研究中。

周期性变化　地球自转速度季节性的周期变化是 20 世纪 50 年代根据对天文测时的分析发现的。除春天变慢和秋天变快的周年变化外，还有半年周期的变化。这些变化的振幅和位相，相对来说比较稳定。相应的物理机制也研究得比较成熟，看法比较一致。周年变化的振幅为 20～25 毫秒，主要是由风的季节性变化引起的；半年变化的振幅为 9 毫秒左右，主要是由太阳潮汐引起的。由于天文测时精度的不断提高，在 20 世纪 60 年代末，从观测资料中求得地球自转速度的一些微小的短周期变化，其周期主要是一个月和半个月，振幅的量级只有 1 毫秒左右，这主要是由月球潮汐引起的。

不规则变化　地球自转还存在着时快时慢的不规则变化。这种不规则变化同样可以在月球、太阳和行星的观测资料中以及天文测时的资料中得到反映。根据其变化的情况，大致可以分为 3 种类型：①在几十年或更长的一段时间内，约有不到 $\pm 5 \times 10^{-10}$/ 年的相对变化；②在几年到十年时间，约有不到 $\pm 8 \times 10^{-9}$/ 年的相对变化；③在几个星期到几个月期间，约有不到 $\pm 5 \times 10^{-8}$/ 年的相对变化。前两种类型的变化相对来说比较平稳，而最后一种变化是相当激烈的。一般认为，比较平稳的变化类型可能是由于地幔和地核之间的角动量交换或海平面变化引起的，而比较激烈的变化类型可能是由于风的作用引起的。这些分析研究，目前还处于探索阶段。

地球自转轴对于地球本体的运动　地球自转轴相对于地球本体的位置是变化的，这种运动称为地极移动，简称极移。1765 年 L. 欧拉证明，如果没有外力的作用，刚体地球的自转轴将在地球本体内围绕形状轴作自由摆动，周期为 305 个恒星日。这是存在极移的首次预言。一直到 1888 年人们才从纬度变化的观测中证实了极移的存在。

1891 年，美国的 S.C. 张德勒指出，极移包括两种主要周期成分：一种是周期约 14 个月的自由摆动，又称为张德勒摆动；另一种是周期为 12 个月的受迫摆动。

实际观测到的张德勒摆动就是欧拉所预言的自由摆动。张德勒摆动的周期比欧拉所预言的周期约长 40%，其原因在于地球并不是一个绝对刚体，这是地球弹性的一种反映。对张德勒摆动的研究可以为人们提供丰富的地球物理信息。根据对实测的张德勒摆动的分析可以得到：其振幅约在 0.06″ ～ 0.25″ 间缓慢变化；其周期也是变化的，变化范围约为 410 ～ 440 天，并且振幅变化和周期变化之间是统计相关的。

张德勒摆动的这些特征的物理本质，长期以来一直是悬而未决的问题。比较流行的一种看法是阻尼－激发模型。周期的变化表示张德勒摆动是一种阻尼运动；振幅的可变而又不消失，表示张德勒摆动又不断地受到激发。无论是阻尼的机制，还是激发的机制都没有一种成熟的理论。曾经从海洋、核幔耦合以及地幔的流变性等方面对阻尼进行过研究；从大气、核幔耦合以及地震等方面对激发进行过研究。除了阻尼－激发模型的解释以外，另外一种看法是双频或多频模型。认为张德勒摆动具有两种很接近的周期，甚至具有更多种周期，而谱线的加宽和振幅的变化都是某种干涉现象造成的。但是，要从地球物理知识来寻找这种双频或多频模型的物理本质将是相当困难的。

极移的另一个主要成分是周年受迫摆动，周期为 12 个月，其振幅约为 0.09″，相对来说这种运动比较稳定。主要是由于大气负载、地下水分布、冰雪层等季节性变化引起转动惯量主轴方向的变化，从而改变了自转轴的方向。

由液态外核和地幔之间的惯性耦合，可以计算出自转轴还存在一种周期近于 1 日的微小的近周日自由摆动，其振幅约为 0.02″。由于这种振幅的量值与观测的噪声水平差不多，因此现在还难于检测。另外，在太阳和月球引力作用下，自转轴还存在一种周日受迫摆动，振幅约为 0.02″。

根据多年积累的极移资料，用适当的数学方法除掉张德勒摆动和周年摆动等周期分量以后，求得了长期极移的统计结果。这些结果指出，长期极移的平均速度约为 0.003 秒/年，方向在西经 70°左右。此外，还存在有 20 多年的长周期运动的分量。对于这些结果的真实性还有争议，就其物理机制的探讨更是粗略，可能是地球内部或表面物质分布的变化和不平衡，引起整个地球相对自转轴有一种长期扭动。根据古气候、古生物、古地磁等方面的研究，发现自转极和地磁极以及各个大陆在漫长的地质年代里有过大规模移动，表明长期极移是可能存在的。

地球自转轴在空间的运动　地球的极半径约比赤道半径短 1/300，地球自转的赤道面、地球绕太阳公转的黄道面和月球绕地球公转的白道面，这三者并不在一个平面上。由于这些因素，在月球、太阳和行星的引力作用下，使地球自转轴在空间产生了复杂的运动。这种运动通常称为岁差和章动。

岁差运动表现为地球自转轴围绕黄道轴旋转，在空间描绘出一个圆锥面，绕行一周约需 26 000 年。同时黄道面和赤道面的交角（简称黄赤交角，约为 23.5°）每一世纪大约减小 47″。章动就是叠加在岁差运动上的许多振幅不超过 10″ 的复杂的周期运动，其中主项是周期为 18.6 年的椭圆运动，椭圆长半径约为 9″，此外尚有许多振幅在 1″ 以下的各种短周期项。根据刚体动力学的理论，可以建立起在外力作用下自转轴在空间的运动方程，并解算出岁差和章动。以刚体地球为基础的章动理论值和实测值之间存在着某些差异，导致人们对液核地球模型进行研究。1979 年美国 J. 瓦尔建立了液核地球的章动理论，经由国际天文学联合会（IAU）研究，定名为 IAU 1980 章动模型，决定从 1984 年起正式在全世界采用。

　　地球自转参数的测定　地球自转参数通常是指地球自转速度和极移。这些参数决定着地面观测站在空间的精确位置以及地球坐标系在空间的指向。这是地面精密测绘和跟踪人造天体所需要的参数。同时，这些参数和地球的内部结构、物质运动、物理特征、各种结构层次（大气层、水层、地壳、地幔和地核等）之间的相互作用都息息相关。在某种意义上，地球自转参数可以看作是地球的脉搏，它提供了丰富的地球物理信息。

　　测定地球自转参数所用的技术可分为两大类：经典技术和新技术。经典技术主要是传统的光学天体测量仪器，如照相天顶筒、等高仪、中星仪、天顶仪等，这些仪器一般都配置在天文台。为了测量地球自转参数还需要配备有高精度的原子钟或石英钟及相应的时间对比的设备。新技术是指 20 世纪 60 年代后期以来，应用空间、激光、射电技术，人造卫星多普勒观测、人造卫星激光测距、月球激光测距、甚长基线射电干涉仪等新技术。

　　鉴于地球自转参数在现代科学中的重要性，进入 20 世纪 80 年代以来，由国际大地测量学和地球物理学联合会（IUGG）和国际天文学联合会（IAU）共同组织一系列监测地球自转的全球合作计划，动用全世界各种经典技术和新技术对地球自转进行监测和分析研究。

黄赤交角

黄道与天赤道的交角。天文常数之一，用 ε 表示。古代天文学家曾多次测定过黄赤交角，如依巴谷和托勒玫都曾用星盘进行过测定。黄道面位置的改变，使黄赤交角有长期变化。B. 第谷曾根据恒星的黄纬都存在某种系统性变化的事实，发现了这种长期变化的现象。当前，黄极正向天极靠近，黄赤交角每世纪减小 47″ 左右。但这种变化是周期性的，周期约 40 000 年。当前的这种减小还会持续 15 000 年左右，然后将转为增大。通常天文常数系统中给出的是标准历元时黄赤交角的数值。1976 年以前天文年历采用 S. 纽康给出的公式，计算得到 B1900.0 为 $\varepsilon = 23° 27′ 08″.26$。1976 年在国际天文学联合会第十六届大会上通过了标准历元 J2000.0

年的新值 $\varepsilon = 23° 26′ 21″.448$，它是根据 1900.0 的 ε 值，用经过修正的变化率推算出来的。现在天文年历中计算儒略世纪数 T 时 ε 的公式由 J. 利斯克给出：

$$\varepsilon = 23° 26′ 21″.448 - 46″.8150T - 0″.000\,59T^2 + 0″.001\,813T^3$$

式中 T 是自 J2000.0 年起算的儒略世纪数（1 个儒略世纪等于 36 525 日）。近期日本国立天文台 T. 富库希麦用激光测月和甚长基线干涉仪推算出 J2000.0 时天极补偿值的改正值平均为（–5.2 ± 0.2）毫角秒，相应于国际天球参考系中黄赤交角值为 23° 26′ 21″.4056 ± 0″.0005。

极 圈

地球上距南北极各 23° 26′ 的纬度圈。在北半球的称为北极圈。由于地轴大致倾斜成 23° 30′，在北极圈上每年有一天或一天以上太阳不落（约在 6 月 21 日）或太阳不出（约为 12 月 21 日）。由此往北，极昼或极夜逐渐递增，至北极增大到 6 个月。在南半球的称为南极圈。在南极圈上，任何日期的白天或黑夜的长短情况与北极圈上正好相反。

回归线

地球上北、南纬各 23° 27′ 的两个纬度圈，是地球上热量带的北、南两个界线。夏至日太阳到达北回归线后即转向南去，冬至日太阳到达南回归线即转向北去。南北半球季节出现正好相反，北半球为夏季和秋季时，南半球为冬季和春季。

天体

宇宙中各种实体的统称。如在太阳系中的太阳、行星、小行星、卫星、彗星、流星体，银河系中的恒星、星团、星云，以及河外星系、星系团、超星系团等。但通常不把行星际、星际和星系际的弥漫物质以及各种微粒辐射流等称为天体。通过射电探测手段和空间探测手段所发现的红外源、紫外源、射电源、射线源和 γ 射线源也都是天体。人类发射并在太空中运行的人造卫星、宇宙火箭、空间实验室、月球探测器、行星探测器、行星际探测器等则被称为人造天体。

天体的位置　天体在某一天球坐标系中的坐标，通常指它在赤道坐标系中的坐标（赤经和赤纬）。赤道坐标系的基本平面（赤道面）和主点（春分点）因岁差和章动而随时间改变，天体的赤经和赤纬也随之改变。此外，地球上的观测者观测到的天体的坐标也因天体的自行和观测者所在的地球相对于天体的空间运动和位置的不同而不同。天体的位置有如下几种定义：①平位置。只考虑岁差运动的赤道面和春分点称为平赤道和平春分点，由它们定义的坐标系称为平赤道坐标系，参考这一坐标系计量的赤经和赤纬称为平位置。②真位置。进一步考虑相对于平赤道和平春分点作章动的赤道面和春分点称为真赤道和真春分点，由它们定义的坐标系称为真赤道坐标系，参考这一坐标系计量的赤经和赤纬称为真位置。平位置和真位置均随时间而变化，与地球的空间运动速度和方向以及与天体的相对位置无关。③视位置。考虑到观测瞬时地球相对于天体的上述空间因素，对天体的真位置改正光行差和视差影响所得的位置称为视位置。视位置相当于观测者在假想无大气的地球上直接测量得到的观测瞬时的赤道坐标。

星表中列出的天体位置通常是相对于某一个选定瞬时（称为星表历元）的平位置。要得到观测瞬时的视位置需要加上：①由星表历元到观测瞬时的岁差和自行改正。②观测瞬时的章动改正。③观测瞬时的光行差和视差改正。

天体的距离　地球上的观测者至天体的空间距离。不同类型的天体距离远近相差悬殊，测量的方法也各不相同。①太阳系内的天体是最近的一类天体，可用三角测量法测定月球和行星的周日地平视差，并根据天体力学理论进而求得太阳视差。也可用向月球或大行星发射无线电脉冲或向月球发射激光，然后接收从它们表面反射的回波，记录电波往返时刻而直接推算天体距离。②对于太阳系外的较近天体，三角视差法只对离太阳100秒差距范围以内的恒星适用。更远的恒星三角视差太小，无法测定，要用其他方法间接测定其距离。主要有：分析恒星光谱的某些谱线以估计恒星的绝对星等，然后通过恒星的绝对星等与视星等的比较求其距离；分析恒星光谱中星际吸收线强弱来估算恒星的距离；利用目视双星的绕转周期和轨道张角的观测值来推算其距离；通过测定移动星团的辐射点位置以及成员星的自行和视向速度来推算该星团的距离；对于具有某种共同特征的一群恒星，根据其自行平均值估计这群星的平均距离；利用银河系较差自转与恒星视向速度有关的原理，从视向速度测定值求星群平均距离。③对于太阳系外的远天体测量距离的方法主要有：利用天琴座RR型变星观测到的视星等值；利用造父变星的周光关系；利用球状星团或星系的角直径测定值；利用待测星团的主序星与已知恒星的主序星的比较；利用观测到的新星或超新星的最大视星等；利用观测到的河外星系里亮星的平均视星等；利用观测到的球状星团的累积视星等；利用星系的谱线红移量和哈勃定律等。

天体的形状和自转　天体不是质点，具有一定的大小和形状。天体内部质点之间的相互吸引和自转离心力使得天体的形状和内部物质密度分布产生变化，同时也对天体的自转运动产生影响。天体的形状和自转理论主要是研究在万有引力作用下天体的形状和自转运动的规律。

天体的形状理论中，通常把天体看作不可压缩的流体，讨论天体在均匀或不均匀密度分布情况下自转时的平衡形态及其稳定性问题。研究得最深入的是地球的形状理论，建立了平衡形状的旋转椭球体、三轴椭球体等地球模型。利用专用于地球测量的人造卫星所得的资料，与地面大地测量的结果相配合，以建立更精确的地球模型。天体的自转理论主要是讨论天体的自转轴在空间和本体内部的移动以及自转速率的变化，其中地球的自转理论现讨论得十分详细。地球的自转轴在本体内部的运动形成地极移

动；同时地球自转轴在空间的取向也是变化的岁差和章动。地球自转的速率也在变化，它既有长期变慢、使恒星日的长度每百年约增加1/1000秒，又有一些短周期变化和不规则变化。

分至点

黄道和天赤道在天球上相距180°的两个交点，称为二分点。太阳沿黄道从天赤道由南向北通过天赤道的那一点，称为春分点（♈）；与春分点相对的另一点，称为秋分点（♎）。黄道上与二分点相距90°的两点，称为二至点。位于赤道以北的那一点，称为夏至点（♋）；与夏至点相对的另一点称为冬至点（♑）。二分点和二至点通常又合称为分至点。从北黄极向黄道看去，按逆时针方向依次为春分点、夏至

点、秋分点和冬至点。太阳在每年的春分（3月21日左右）、夏至（6月22日左右）、秋分（9月23日左右）、冬至（12月22日左右）依次通过天球上的♈、♎、♋、♑四点。在天球上通过天极和二分点的大圆称为二分圈，通过天极和二至点的大圆称为二至圈。

河南登封周公测景台（通过日影测得冬至、立春、夏至、立秋的分至点）

日　食

在地球上看到太阳被月球遮蔽的现象。

发生原因　太阳发光，月球（俗称月亮）不发光。月球是依靠反射太阳光而呈银白色的。月球绕地球公转，而地球又带着绕它公转的月球一起绕太阳公转。太阳的直径约为1 400 000千米，大致是月亮直径3500千米的400倍。但月球离地球的平均距离仅约380 000千米，又大致是日地平均距离约150 000 000千米的四百分之一。因此太阳的视角径（日轮）与月球视角径（月轮）几乎是一样大小，都是约32角分（32′）。由于月球公转轨道和地球公转轨道都是椭圆（地球和太阳分别位于月轨椭圆和地轨椭圆的焦点上），日地距离和月地距离会略有变化，使得月轮有时会略大于日轮，有时会略小于日轮。另一方面，农历是根据月相变化制定的历法。月相是月球被太阳照亮部分的形状，如镰刀形和半圆形等，取决于日地月三者的相对位置。月相变化的周期是 29.353 天，称为朔望月（比月亮的公转周期 27.3 天略长），也就是农历一个月的平均长度。当月球运动到日地之间，即从地球上看月球和太阳在同一方向时（三者不一定在一直线上），地球上看到的是月球未被太阳照亮的半球，也就是看不见的黑月亮，称为新月，也称为朔，对应于农历初一。当月球运动到太阳的相反方向，即地球处在日月之间时（三者也不一定在一直线上），看到

的是月球被太阳照亮的半球，就是满月，也称为望，对应于农历十五或十六。如果地球绕太阳的轨道和月球绕地球的轨道在同一平面上，则每逢农历初一月球走到日地之间时三者处在同一直线上，就会发生地球上看到月球遮挡太阳的日食现象。但实际上地轨和月轨并非在同一平面上，而是相互倾斜成 5° 9′ 的交角。因此一般情况下，在朔日，日月地三者并不在一直线上，不会发生月球遮挡太阳的日食现象。只有当月球在自己的轨道上运行到地球轨道平面附近时，才会出现日月地三者正好或近于在一直线上，发生月轮遮蔽日轮的日食现象。这就是为什么日食总是发生在农历初一，但并非每逢农历初一都有日食的道理。

　　种类和过程　日食可分为日偏食、日全食和日环食 3 种。发生 3 种不同类型的日食，与月球的影子结构和日食时地球在月影中的位置有关。图中月球的影子有三种区域：由月球直接伸展出去的锥形暗

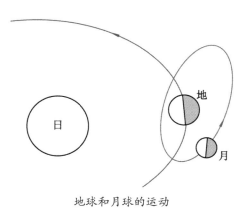

地球和月球的运动

区是月亮的本影区；由本影延长线构成的锥形暗区称为伪本影区；本影和伪本影周围的斜线区就是半影区。若某次日食时，仅是月球的半影区落在地面上，该地区只能看到日轮的一部分缺失，就是日偏食。若某次日食时月亮的本影落到地面上（相当于月地距离较近和月轮略大于日轮的情况），则处在本影区将看到整个日轮被遮，就是发生了日全食。若某次日食时只有月亮的伪本影到达地球（相当于月地距离较远和月轮略小于日轮的情况），则处在伪本影区将会看到只有日轮的中央部分暗黑，这就是日环食。日全食和日环食合称为中心食。

随着月亮的公转运动和地球自转，月亮的影子将会在地面上扫过一大片区域。其中本影或伪本影扫出的地带非常狭窄，宽度只有几十至几百千米，长度则可达几千至上万千米，它们分别称为全食带

或环食带。处在全食带或环食带地区就将会先后看到日全食或日环食。而在全食带或环食带两边地区显然就是月球半影扫过的地区，这些地区就只能看到日偏食。月球自西向东运动，地面上的月影也是自西向东移动，因此总是西部地区比东部先看到日食。月球自西向东运动的另一结果就是，日轮总是从西边缘开始被月轮遮蔽，然后向东扩大，在东边缘结束日食。

日食的全过程及各阶段如图所示。若为日全食，则可分为5个阶段（见图日全食）。其中食既至生光为日全食时间，一般为2～3分钟，最长7分多钟，最短只有几秒钟。日环食也分为5个阶段（见图

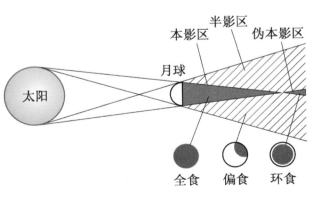

日食的类型

127

日环食），其中环食始至环食终为日环食时间。日偏食只有初亏、食甚和复圆 3 个阶段（见图日偏食）。对于日全食和日环食，月轮直径与日轮直径之比称为食分。日全食的食分大于 1，日环食的食分小于 1。对于日偏食，食分则指食甚时日轮直径被遮部分占日轮直径的分数，它总是小于 1。

当月轮即将完全遮挡日轮，亦即食既之前的瞬间，日轮的东边缘仅剩一丝亮弧时，会在亮弧上出现几颗如珍珠般闪亮的光点，这是太阳光通过月球边缘的一些环形山凹地涌出的结果。英国天文学家贝利首先解释了这一现象，因而也称贝利珠。较大的光点光芒四射，更像钻石镶嵌在亮弧上，常称为钻石环。随即食既开始，"星夜"降临，天空中闪现出星星，而黑色的月轮

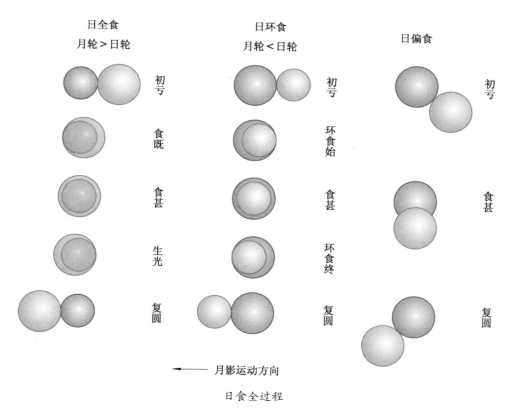

日全食
月轮＞日轮

初亏
食既
食甚
生光
复圆

日环食
月轮＜日轮

初亏
环食始
食甚
环食终
复圆

日偏食

初亏
食甚
复圆

⟶ 月影运动方向

日食全过程

周围显现出太阳的高层大气——红色的色球和银白色的日冕，十分绚丽多彩。而在生光之后，亦即日轮重新露出的瞬间，还会在日轮西边缘看到贝利珠和钻石环，随即消失并露出较多的日轮，天空变亮，日全食结束。日环食时天空变暗不明显，但天空中高悬着一圈金色的圆环也是很奇特的罕见天象。

频繁度和观测意义　天文学家的计算表明，平均每个世纪可出现67.2次日全食、82.2次日环食和82.5次日偏食。由于日全食带和环食带非常狭窄，每次日食时只占据地球表面积的极少部分，有时还位于海洋或人口稀少或难以到达的地区，因此看到日全食和日环食的机会很少。对于某一具体地区来说，平均每300多年才能看到一次日全食或日环食。与此相反，日食时月亮半影扫过的地区面积（就是偏食带）很大，日全食和日环食时，全食带和环食带两边的地区也在月亮半影中可看到日偏食。因此看到日偏食的机会相当多，对于一个地区而言，平均每3年可看到一次日偏食。

日食现象不仅有观赏价值，还具有科研价值，主要是提供了研究太阳高层大气的有利时机。太阳的大气可分为3层：平时看到的日轮是太阳的最底层大气，称为光球，厚度仅几百千米，太阳的可见光辐射几乎全部是由光球发射出来的。光球上方是厚度为几千千米的色球层，亮度只有光球的万分之一。色球的外面还有一层延伸至几个太阳半径之外的最外层大气，称为日冕，亮度只有光球的百万分之一。非日全食时，暗弱的色球和日冕完全被明亮的天空背景所淹没，但日全食时，由于明亮的光球被月亮遮蔽，全食带地区上空的大气失去强光照射（处在月亮的本影当中），天空变成暗黑，使色球和日冕得以显现，为研究它们提供了"天赐良机"。

日全食也是研究因太阳发射的光辐射和带电粒子流（太阳风）突然被月球遮挡，而对地球的电离层、电磁场、臭氧层、低层大气，以及其他地球环境（如引力场、重力场、固体潮和宇宙线变化等）产生影响的好时机。同时，还可在日全食时进行 A. 爱因斯坦预言的光线弯曲试验。中国的科研人员也曾多次对日全食进行观测研究。几次规模较大的综合性观测包括 1968 年 9 月 22 日在新疆、1980 年 2 月 16 日在云南、1977 年 3 月 9 日在黑龙江漠河地区发生的日全食。中国也曾组织过小型观测队，于 1983 年到巴布亚新几内西、1988 年到菲律宾、1991 年到墨西哥和夏威夷进行日全食观测。

21 世纪的前 20 年，中国境内将可看到 2 次日全食和 3 次日环食。2008 年 8 月 1 日的日全食，在新疆、甘肃、内蒙古、宁夏、陕西、山西和河南等部分地区可以看到。2009 年 7 月 22 日的全食带则经过西藏、云南、四川、重庆、湖北、湖南、江西、安徽、江苏、浙江和上海等省（市、区），日全食时间长达 5～6 分钟，是一次非常难得的

机会。2010 年 1 月 15 日，在云南、四川、重庆、贵州、湖北、湖南、河南、安徽、山东和江苏等部分地区可看到日环食，环食时间长达 4 分钟。2012 年 5 月 21 日的环食带则经过广西、广东、江西、福建、浙江、台湾、香港和澳门等部分地区，环食时间也是 4 分钟。2020 年 6 月 21 日，又可在西藏、四川、重庆、贵州、湖南、江西、福建和台湾的部分地区看到日环食。

月　食

地球上看到月球进入地球的影子后月面变暗的现象。发生月食的原因与日食类似，但也有所不同。对地球而言，当月球运行到与太阳相反的方向，即地球处在日月之间时（三者无须在一直线上），看到的是月球被太阳照亮的半球，就是满月，也称为望，它对应于农历十五，有时十六。如果地球绕太阳的轨道与月球绕地球的轨道是在同一平面上，则每逢农历十五或十六，日地月三者将处在一直线上，使月球处在地球的影子里面而显得暗淡无光，就是月食。但实际

太阳

月食成因

上地轨和月轨并非在同一平面上，而是相互倾斜5°9′的交角。因此一般情况下，在望日并不会发生月球进入地球影子的月食。只有当月球运行到月轨和地轨平面的交界线附近又逢望日时，日地月三者才会正好或近于一条直线，使射向月球的太阳光被地球遮挡，出现月食现象。这就是月食总是发生在望日（农历十五或十六），但并非每逢望日都有月食的原因。

月食也有几种不同类型。如图所示，当月球的一部分进入地球本影时，进入地影的月面部分将变暗，就是月偏食；当月亮整个进入地球本影时，整个月轮将显得暗淡，就是月全食。若月亮仅仅是进入地球的半影，天文学上称为半影月食，这时月球的亮度减弱很少，肉眼是觉察不到的，一般不称为月食。实际上即使是处在地球本影中的月偏食和月全食，被食的部分月轮或整个月轮也并非完全暗黑，而是呈暗弱的古铜色，这是地球大气对太阳光散射和折射造成的。地球

大气分子把太阳光中波长较短的蓝光和紫光散射到其他方向，而剩下波长较长的红光和黄光折射到月亮上，使其成为古铜色。

月球在地影中由西向东运动，因此与日食相反，月食总是从月轮的东边缘开始，在西边缘结束。月全食的整个过程包含五个阶段。月食的食分定义为食时食月轮进入地球本影的最大深度（即图中食甚时月轮上边缘最高点 a 与地影下边缘最低点 b 的距离）与月轮直径之比。月偏食的食分小于 1，月全食的食分等于或大于 1。月食与日食的另一不同点是地球上不同地区的居民是在同一时间看到月食的。只要能看到月球的地方，看到的月食过程是一样的。

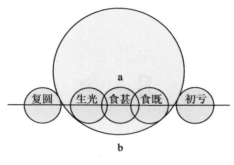

月食全过程

天文学家的计算表明，发生月食的机会比日食少，但每次月食时，地球上夜间半球的居民都可看到，因此对任一地区来说，看到月食的机会反而比日食多。

由于地球影子的长度超过月地距离，地球影子的直径也远大于月球的大小，不会出现月球进入地球伪本影的情况，因此没有月环食。